U0182472

茶经

茶经

【 国学经典丛书 】

郑红峰　译注

科学普及出版社

·北京·

图书在版编目（CIP）数据

茶经 / 郑红峰译注. -- 北京：科学普及出版社，
2022.8

（国学经典丛书）

ISBN 978-7-110-10421-7

Ⅰ.①茶… Ⅱ.①郑… Ⅲ.①茶—文化—中国—古代
②《茶经》—译文 Ⅳ.①TS971.21

中国版本图书馆CIP数据核字（2022）第032793号

策划编辑	胡　怡
责任编辑	胡　怡
封面设计	余　微
正文设计	余　微
责任校对	张晓莉
责任印制	马宇晨

出　　版	科学普及出版社
发　　行	中国科学技术出版社有限公司发行部
地　　址	北京市海淀区中关村南大街16号
邮　　编	100081
发行电话	010-62173865
传　　真	010-62173081
网　　址	http://www.cspbooks.com.cn

开　　本	710mm×1000mm　1/16
字　　数	244千字
印　　张	18
版　　次	2022年8月第1版
印　　次	2022年8月第1次印刷
印　　刷	唐山富达印务有限公司
书　　号	ISBN 978-7-110-10421-7 / TS·140
定　　价	79.00元

前 言

唐朝开元年间，适逢我国历史上政通人和的"四大盛世"之一的开元盛世，在复州竟陵县（今湖北省天门市）水滨，一位名叫智积的禅师收养了一个年幼的孤儿。这个孤儿就是陆羽，他写下了《茶经》，成为后世所追慕的茶圣。

龙盖寺卜卦得名

陆羽是孤儿，不知道父母是谁，也没有姓名。他被智积禅师收养在龙盖寺，年岁稍长，欲借助《周易》占卜定下姓名，这在古代是比较常见的做法。谁知，陆羽一开始得了《蹇》卦，很不吉利，于是另卜一卦，得到一个《渐》卦。卦辞写道："鸿渐于陆，其羽可用为仪，吉。"这以后，他就以"陆"为姓，以"羽"为名，字鸿渐。

9岁那年，陆羽开始学习写文章。智积禅师给他看佛经，想教授他脱离世俗束缚的学问。没有料到，陆羽一口回绝，铁了心要学习儒家经典。无奈之下，智积禅师用杂务来磨炼陆羽，只要是陆羽能干的活都让他干，比如打扫寺院、清洁厕所、用脚踩着泥来涂墙壁、背着瓦片来盖屋顶。除此之外，陆羽每天还得在湖边放牛。那时候，陆羽学写字没有纸张，只好用竹片在牛背上画着写。

有一天，陆羽从一位读书人那里得到了张衡的《南都赋》，陆羽不认识上面的字，就模仿上学的孩童，端身正坐，展开书本，口中念念有词。智积禅师知道了这件事，怕陆羽受佛经以外杂书的影响，便把他管束在寺院里，让

他修剪杂草，还让年龄大一些的徒弟去看管他。有时，陆羽心里想着书上的文字，精神恍惚，怅然若失，忘记了干活。看管他的人以为他懒惰，就用鞭子抽打他的背。过了没多久，陆羽感到厌倦，离开了寺院。

投戏班两获知遇

离开寺院后，陆羽投奔戏班，写下了3篇《谑谈》。有时，他也在幕后表演木偶戏"假吏藏珠"。智积禅师得知消息后追来劝导，想让陆羽离开戏班、专心著书，即所谓"捐乐工书"，不愿陆羽偏离"正道"。

唐朝天宝年间，有一天，戏班上下正在沧浪岸边欢聚宴饮。这时候，一名地方官吏召见了陆羽，并任命他为伶人们的老师。当时，曾为河南府尹的李齐物因故被贬为竟陵太守，见到陆羽后，觉得他不同凡俗。在陆羽所撰的《陆文学自传》里有记载，李齐物握着他的手，拍着他的背，亲手把自己的诗集赠予他。李齐物到任后不久，当地的政治、民风都有了显著的改善。陆羽对李齐物除了感激之外，还有敬仰，并视他为儒士的榜样。后来，经李齐物推荐，陆羽背着书来到火门山邹夫子的住地，与被贬为竟陵司马的崔国辅相识。崔国辅也是陆羽的知遇者，比陆羽大40岁，可以算作陆羽的忘年交。二人往来3年，"谑笑永日""较定茶水之品"，很是投机。分别之际，崔国辅还将平素爱惜的白驴、乌犎牛等珍兽及精美的文槐书函送给陆羽。

访茶品水著《茶经》

唐朝至德初年（756年），也就是安史之乱爆发第二年，淮河一带的百姓为躲避战乱渡过长江，陆羽也跟着渡江。之后，陆羽沿着长江南岸，对江南西和江南东两道，即今湖北、江西、江苏、浙江等部分地区的茶山、名泉进行了实地考察。次年，他游历至无锡，品惠山泉泉水，作《游慧山寺记》，评惠山泉为"天下第二泉"。从此，惠山泉声名远播，名传至今。

避乱江南，陆羽最感安慰的莫过于早早结识时任无锡县尉的皇甫冉与诗僧皎然。皇甫冉是状元出身，当世名士，也爱惜人才，与陆羽一见如故。陆羽寓居皇甫冉府邸期间，四处访茶。在吴兴，他与乌程县（今浙江省湖州）杼山妙喜寺僧皎然结为"缁素忘年之交"。皎然请陆羽长住妙喜寺，平日里品茶赋诗，让陆羽有机会重温了儿时熟悉的寺院生活。

这样大约过了3年，陆羽在临近妙喜寺的苕溪之滨搭了一间草庐，开始了闭门著书的隐居生活。其间，常有僧人、隐士慕名而来，与陆羽对饮并坐谈到天亮。陆羽经常驾着小舟流连于山寺之间，总是头戴纱巾，脚蹬草鞋，身着粗布裁制的短衣短裤，在林间敲敲树木，在水边嬉戏自娱。有时，他独自一人在旷野中行吟古诗，直到天黑才尽兴而返。文感其情时，陆羽又不免放声痛哭。当时的人将陆羽与春秋时楚国的狂士接舆相提并论。

陆羽精通古调歌诗，于安闲处自得其乐，情趣高雅，也写下了多篇佳作，而且行文多有讽喻之意。安史之乱后，陆羽写下《四悲诗》；刘展割据江、淮地区时，陆羽作了《天之未明赋》。陆羽会因感于世乱民敝而悲愤不已，痛哭流涕，颇有国士襟怀。诗赋之外，陆羽还著有《君臣契》三卷、《源解》三十卷、《江表四姓谱》八卷、《南北人物志》十卷、《吴兴历官记》三卷、《湖州刺史记》一卷、《占梦》上、中、下三卷，以及《茶经》三卷，一并收藏在粗布袋内。这些都是陆羽29岁之前的作品。

以茶入道，以文化人

格物致知，修身自立，以文化人，这是中国古代有志文人的人生理想，陆羽也是其中一位。不过，陆羽的经历坎坷，欲"洁其行"而"秽其迹"，是孟子所谓"天将降大任于斯人也，必先苦其心志，劳其筋骨，饿其体肤，空乏其身，行拂乱其所为，所以动心忍性，曾益其所不能"。

弃释从儒，捐乐工书，以茶入道。陆羽兜兜转转，总算找到了心之所安的归处。从某种程度上说，《茶经》的完成是陆羽对智积禅师"许一时外学，令降伏外道也"等教诲的回应，也是他对儒家"大孝于天下"的领悟与致用。在陆羽看来，《论语·述而》中提到的"志于道，据于德，依于仁，游于艺"便是以茶为道的不二路径。

《茶经》分为3卷，讲述了茶的起源，采制、煮、饮及其器、具，文史逸事，产地，野外茶事的省便之法，以及《茶经》这部书的使用建议等十大内容，对

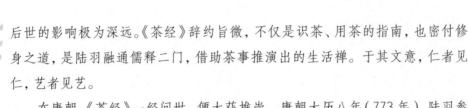

后世的影响极为深远。《茶经》辞约旨微，不仅是识茶、用茶的指南，也密付修身之道，是陆羽融通儒释二门，借助茶事推演出的生活禅。于其文意，仁者见仁，艺者见艺。

在唐朝，《茶经》一经问世，便大获推崇。唐朝大历八年（773年），陆羽参与颜真卿主持重修的大型韵书《韵海镜源》，有机会接触到历史、地理、文学、医药等方面的文献资料，为《茶经》加注，丰富了《茶经》的内容。唐朝建中三年（782年），陆羽移居江西，所到之处无不访茶，可《茶经》却没有出现相应产地的注文，可见陆羽此时已不再修订《茶经》，或者后续修订版没有刊行。从游历积累，闭门著书，到几番加注修订，陆羽在《茶经》上所费的工夫前后不下三十载。

半生事茶，一门深入。陆羽为"茶"这一门学问奠定了宝贵的基础。

惠及千载，余韵悠长

《茶经》是"茶学"的开山之作。在它之后，茶学独立于其他文艺门类，正式载入史册。北宋《新唐书》、南宋《通志》、元朝《宋史》分别将其收编于小说类、食货类以及农家类。迄今发现最早的《茶经》刊行版本出现于南宋咸淳九年（1273年），收录于丛书《百川学海》。宋朝以后，《茶经》刊本众多。手抄本的情况更加复杂。早在南宋绍熙二年（1191年），日本荣西禅师从宋朝带回了《茶经》的手抄本。此外，韩国、美国、英国、意大利、法国、德国也有各自的《茶经》版本。本书则使用的是《百川学海》的版本。

《茶经》作为中国第一部茶学专著，后世的众多响应者写下了不少名篇，如宋朝蔡襄《茶录》、赵佶《大观茶论》、周绛《补茶经》，明朝朱权《茶谱》、孙大绶《茶经外集》、张谦德《茶经》，清朝陆廷灿《续茶经》，近现代吴觉农《茶经述评》等。这些作品均以《茶经》为宗，又有相应于各自时代的补充与发展，使茶成为中国社会独具风格与颇有影响的重要文化载体。

一石激起千层浪，《茶经》的影响是广大而深远的。北宋文人陈师道评价《茶经》："上自宫省，下迨邑里，外及戎夷、蛮狄，宾祀燕享，预陈于前。山泽以成市，商贾以起家，又有功于人者也，可谓智矣。"这是中国茶业之始，也是世界茶文化的肇端。而后,日本茶道、韩国茶礼、东南亚茶俗及欧美茶文化依托古老而深厚的中国茶文化次第花开,让茶之君子风度照拂世人,清芬永续。

僧佛茶缘,翰墨文心

中国人对茶寄予深情。不论是生存层面的"柴米油盐酱醋茶",还是生活层面的"琴棋书画诗酒花茶",又或是生命层面的"禅茶一味",茶在其中都是饶富情怀的意象。

陆羽与其所著的《茶经》是茶这个意象在中国文化上的一次典型投射。许多人都很好奇,陆羽为何走上了茶的道路。对此,史书中并没有明确的记载。传闻和野史虽不足以为信,却能满足一部分人对故事完整性的一种期待。有传,当年智积禅师收养陆羽在龙盖寺,素日为他端茶的便是年幼的陆羽。陆羽所煮的茶深受智积禅师的喜爱,以致陆羽离开龙盖寺后,智积禅师没有再喝过其他人煮的茶。日后,煮茶这一技艺便成为陆羽生活的一部分,陪伴他走过了跌宕的一生。这是缘起,而后因缘际会,陆羽又因茶结下了生命中几段难得的缘分。

陆羽的自传中提到对他至关重要的4个人,分别为二僧和二吏,他们的知遇促成了后来的陆羽。除了智积禅师,另一僧指的便是皎然。陆羽与皎然相知数十载,在智积禅师、崔国辅、李齐物、皇甫冉、张志和、颜真卿等恩师和挚友相继离世后,访千山古刹、寻水影茶踪的陆羽回到了皎然所在的湖州。唐朝贞元二十年(804年),陆羽故去,葬在了杼山,坟茔与皎然塔相对。陆羽始于佛缘,终于佛缘,也是一种圆满。

茶圣陆羽的七十二载光阴,留下了许多佳话,也成了后人吟诗念情的一种情怀。在诸多友人的酬诗中,我们姑且择取唐朝诗人孟郊的《送陆畅归湖州,因凭题故人皎然塔、陆羽坟》作为前言的终结与追思:

森森雪寺前,白蘋多清风。
昔游诗会满,今游诗会空。
孤吟玉凄恻,远思景蒙笼。

杼山砖塔禅，竟陵广宵翁。

饶彼草木声，仿佛闻馀聪。

因君寄数句，遍为书其丛。

追吟当时说，来者实不穷。

江调难再得，京尘徒满躬。

送君溪鸳鸯，彩色双飞东。

东多高静乡，芳宅冬亦崇。

手自撷甘旨，供养欢冲融。

待我遂前心，收拾使有终。

不然洛岸亭，归死为大同。

目 录

卷 上

一 之 源

茶者，南方之嘉木也。

茶者，南方之嘉木^①也。一尺^②、二尺，乃至数十尺。其巴山峡川^③有两人合抱者，伐而掇之^④。其树如瓜芦^⑤，叶如栀子^⑥，花如白蔷薇^⑦，实如栟榈^⑧，蒂如丁香^⑨，根如胡桃^⑩。瓜芦木，出广州，似茶，至苦涩。栟榈，蒲葵之属，其子似茶。胡桃与茶，根皆下孕，兆至瓦砾^⑪，苗木上抽。

注 释

①嘉木：美好的树木。

②尺：唐朝有大尺和小尺之分，大尺约29.71厘米。小尺等于10寸，大尺等于12寸。

③巴山峡川：指四川东部、湖北西部地区。巴山，大巴山的简称。峡川，一指巫峡山，即巫山；二指位于三峡口的峡州。

④伐而掇（duō）之：要将树枝砍下来，才能摘到芽叶。伐，砍下树枝。掇，拾取。

⑤瓜芦：皋芦的别称，为常绿大叶乔木，分布于云南、四川等地，其形态与茶树相似。其叶可制成饮品，味苦，有清热除烦的功效。

⑥栀子：常绿灌木或小乔木。

⑦白蔷薇：落叶灌木，花可制取香精，是观赏植物。

⑧栟（bīng）榈（lú）：即棕榈，常绿乔木，树势挺拔。叶色葱茏，叶为扇子形，可编制扇、帽等。

⑨丁香：常绿乔木，花形小。花蕾和其精油均为重要的香料来源，味辛，性温，也可入药。

⑩胡桃：又称核桃，为落叶乔木。木质坚硬，可制成器物；果仁可吃，可入药，可榨油。

⑪根皆下孕，兆至瓦砾：根都向下延伸生长，根部将土壤撑裂。下孕，植物根系在地下生长。兆，原指龟甲经灼烧后的裂纹，此处指核桃树与茶树生长的时候，根部将土壤撑裂。

译　文

茶树是中国南方的一种美好的树木。树高一尺到两尺，有的甚至可达几十尺。茶树多生长在巴山、峡川一带，有的茶树主干粗到两个人手拉手才能抱得过来，人们要将树枝砍下来，才能摘到芽叶。茶树的外形和瓜芦木有点相似，叶子则像栀子叶，花朵似白蔷薇花，果实则与棕榈子相似，蒂与丁香蒂相似，根部像胡桃根。瓜芦木产自广州，外形和茶相似，味苦。栟榈属蒲葵类植物，其种子和茶相似。胡桃和茶树的根都向下延伸生长，根部将土壤撑裂，苗木才开始向上生长。

解　读

古人用字，一字褒贬，精当却又隐含丰富的意蕴。"嘉"，意为"善、美"，是印象化的点评。就好比有人问你某个人怎么样，你可以不假思索地回答"好"一样，但也可能不知道先说哪一点好。从中可以看出，陆羽对茶也怀着同样的感情。

"从哪里来"很重要。《茶经》一开篇，陆羽便阐明了茶的起源，以及茶是什么。关于茶树的起源问题，历来争论颇多，有人认为印度也是茶叶的发源地之一。通过翻阅大量史籍文献，吴觉农在《茶树原产地考》中指出"中国是茶树的原产地"。

东晋常璩所撰的《华阳国志·巴志》记载，周武王伐纣时，巴国以茶及其他珍贵物品纳贡于周武王，说明当时已有人工栽培的茶园。我们的祖先最初利用的是野生茶树，经过一段很长的时间后，才开始人工栽培。

"其巴山峡川，有两人合抱者"，《茶经》中的这句话描述了我国西南一带的茶叶产区包括云南、贵州、四川等地。这些地方也是世界上最早发现野生茶树及野生大茶树最多、最集中的地区。

茶的栽培，从巴蜀地区南下云贵一带，又东移楚湘，转粤赣闽，入江浙，然后北移淮河流域，形成我国广阔的产茶区。茶树最早为中国人所发现，最早为中国人所利用，最早为中国人所栽培，这些事情已成定论。

茶长什么样？陆羽用了类比的方式，向大家描述。用熟悉之物描述陌生之物，这种方法自古有之，足以体现古人的智慧。我国古代的医书提到某种药材时，经常使用这种方法，按照树、叶、花、实、蒂、根的顺序，依次描述。

　　茶不仅是一种植物，也是一种药物。陆羽在探究茶的过程中，一面实地考察，一面参看医书药典，下了很大的功夫。

瓜芦（皋芦）

栀子

白蔷薇　　　　　　　　栟榈

丁香　　　　　　　　　胡桃

原 文

其字，或从草，或从木，或草木并。从草，当作"茶"，其字出《开元文字音义》①。从木，当作"榃"，其字出《本草》②。草木并，作"荼"③，其字出《尔雅》④。

其名，一曰茶，二曰檟⑤，三曰蔎⑥，四曰茗，五曰荈⑦。周公云："檟，苦茶。"扬执戟⑧云："蜀西南人谓茶曰蔎。"郭弘农⑨云："早取为茶，晚取为茗，或一曰荈耳。"

注 释

①《开元文字音义》：书名，唐玄宗于开元二十三年（735 年）组织编修的字书，共三十卷，今已失传。

②《本草》：此处指《新修本草》，即《唐本草》。《新修本草》以陶弘景所注的《本草经集注》为底本进行补注，是我国第一部由政府颁布的药典。原书已失传，主要内容多见于后世各版本草著作中。

③荼：原指古书中记载的一种苦菜，或茅草的白花。秦汉以来，人们也用"荼"来表示"茶"这种药物和饮品。《开元文字音义》将"荼"省去一笔，变成"茶"，后来"荼""茶"二字通用。直到陆羽《茶经》问世后，"茶"字才广泛流传。

④《尔雅》：最早著录于《汉书·艺文志》，但未载作者姓名。书中收集了比较丰富的古汉语词汇。《尔雅》不仅是辞书之祖，还在唐宋时期被列为"十三经"之一。

⑤檟（jiǎ）：本义指楸、梓类的美木，后借指茶。

⑥蔎（shè）：古书记载的一种香草，后用作茶的别称。

⑦荈（chuǎn）：茶的别称，指茶的老叶。

⑧扬执戟（jǐ）：指西汉著名的哲学家兼文学家扬雄，执戟指的是秦汉时期的宫廷侍卫官。

⑨郭弘农：指西晋诗人郭璞，他曾为《尔雅》《山海经》等书作注。

译 文

"茶"这个字的结构，从部首来说，或从"艹"部，或从"木"部，或"艹""木"兼从。从"艹"部，应当写作"茶"，这个字出自《开元文字音义》。从

"木"部，应当写作"搽"，这个字出自《新修本草》。"艹""木"兼从，应当写作"茶"，这个字出自《尔雅》。

茶还有很多别称，第一为"茶"，第二为"槚"，第三为"蔎"，第四为"茗"，第五为"荈"。周公说："槚，就是苦荼。"扬雄说："蜀地西南的人称'茶'为'蔎'。"郭璞说："早采摘的是'茶'，晚采摘的称为'茗'，或称为'荈'。"

解 读

在这两段中，陆羽为"茶"正名。

中唐以前，人们通常用"荼"指茶。"荼"字在《诗经》里很常见，但不一定指的都是"茶"。《尔雅·释木》中的"槚，苦荼"表明"荼"指的是"茶"。"荼"字去掉一横，演变为"茶"字，始见于《开元文字音义》。然而，大多数人认为"茶"字的普及是受陆羽的《茶经》和卢仝的《走笔谢孟谏议寄新茶》中《七碗茶歌》部分的影响。我们今天常说的"喝茶""品茶"和"茶叶"，这都要感谢陆羽，不然我们很有可能就得说"喝槚""喝荈"等词了。

其实，早在《三国志·吴书·韦曜传》中就有这样的记载："或密赐茶荈以当酒。"唐朝诗人皮日休的《茶中杂咏·茶坞》中说："种荈已成园，栽蔎宁记亩。"这首诗中记载的"荈"和"蔎"，指的都是"茶"。

除了"茗""荈""槚""蔎""荼"之外，茶的别称还有"水厄""过罗""物罗""姹""葭荼""苦荼""酪奴"等。在唐朝以后，人们多已不用除了"茗"以外的茶的别称了。到了今天，人们还时常称"饮茶"为"茗饮"或"品茗"。

记载茶别名的古籍

原 文

　　其地，上者生烂石^①，中者生砾壤^②，下者生黄土^③。艺而不实，植而罕茂^④。法如种瓜^⑤，三岁可采。野者上，园者次。阳崖阴林^⑥，紫者上，绿者次；笋者上^⑦，芽者次^⑧；叶卷上，叶舒次^⑨。阴山坡谷者，不堪采掇，性凝滞，结瘕疾^⑩。

注 释

　　①烂石：指碎石。山谷中经长期风化且含丰富腐殖质和矿物质的土壤，排水性能好，肥力强，适合茶树生长。

　　②砾壤：指砂质壤土壤或砂壤，腐殖质含量不高，肥力中等。

　　③黄土：指黄壤或红壤，土层厚，黏度高，肥力差。

　　④艺而不实，植而罕茂：茶农在种植茶苗时，如不将土壤踩踏结实，茶树很难长得枝繁叶茂。艺，在这里指种植。

　　⑤法如种瓜：种植茶树的方法和种瓜类似。

　　⑥阳崖阴林：在山崖的向阳面，因树木众多，林下可形成荫蔽空间。

　　⑦笋者上：茶树的芽肥硕，状如竹笋，品质好。

　　⑧芽者次：茶树的芽瘦小，品质差。

　　⑨叶卷上，叶舒次：卷状的叶片为新生，因此质量好。相反，舒展平直的叶片，质量稍差。

　　⑩性凝滞，结瘕（jiǎ）疾：其性状凝滞不散，会使人在喝后得腹中结块的病。凝滞，凝结散不开。瘕，腹中肿块。

译 文

　　茶树生长的土壤，以风化程度较高的烂石土壤为最好，土壤中有碎石子的砂地次之，黄壤或红壤最不适宜茶树生长。茶人在栽种茶苗时，如不将土壤踩踏结实，茶树很难长得枝繁叶茂。种植茶树的方法与种瓜类似，茶人在栽种茶树后的三年便可采茶。茶叶的品质，以山野自然生长的茶为最好，一般人工栽种于园圃的茶的质量较差。在向阳的山崖，林荫遮盖下生长的茶树，芽叶呈现紫色的较好，绿色的则差些；茶叶中，嫩芽肥硕，状如竹笋的为最好，芽叶瘦小的较差；叶

茶经　卷上

片成卷状的较好，叶片舒直平展的较次。生长在背阴的山坡或山谷的茶树品质较差，采摘价值不高。其性状凝滞不散，会使人在喝后得腹中结块的病。

解 读

在本段中，陆羽详细讲述了茶树的生长环境、栽培以及从源头对茶叶品质进行把关的方法。

陆羽在《茶经》中首次提出了茶叶生长对土壤的要求："上者生烂石，中者生砾壤，下者生黄土。"千百年来，这个观点一直成立，并且尤其适用于今天武夷山茶的品质鉴定。

武夷山茶按土壤类型，可分为正岩茶、半岩茶与洲茶。正岩茶种植土壤的基础，源自数千万年前火山喷发形成的火山盆地。盆地四周为火山岩环绕，中间积水，形成湖泊。火山岩经风化，随水流沉入湖底。岩中的铁质在氧化作用下变成紫红色，这便是正岩的由来。正岩以"三坑两涧"为代表，土壤砂质含量较高，土层厚而疏松，通气性好，排水佳。加上周围良好的植被条件，以及谷底的渗水细流，此处土壤的有机质含量相当高，是不可多得的"茶土"。次一级的半岩茶，源自地壳运动形成的单斜山或单斜断块山，其产茶区包括今天的青狮岩等处，为厚层岩红土，含铝量较高，质地较黏重。除此二者，便是平原茶区，多为河洲、溪畔冲积土沙地，是质地黏重的黄壤土。其范围广，面积大，是武夷山茶最大的产区。这些地方出产的茶为洲茶，在相同工艺底下，洲茶的品质表现稍显逊色。

陆羽在《茶经》中谈到的茶树的另一条生长条件是"阳崖阴林"，即在山的向阳面，并且有树木荫蔽，此处形成的漫射光最适宜茶树生长。至于"紫""绿""笋""芽""卷""舒"，这些都是通过叶或芽的颜色、形态来论述茶叶品质高低的方法，时至今日仍有一定道理。

茶树

原 文

茶之为用，味至寒，为饮，最宜精行俭德①之人。若热渴、凝闷、脑疼、目涩、四支烦、百节②不舒，聊四五啜③，与醍醐④、甘露⑤抗衡也。

采不时，造不精，杂以卉莽⑥，饮之成疾。茶为累⑦也，亦犹人参。上者生上党⑧，中者生百济、新罗⑨，下者生高丽⑩。有生泽州、易州、幽州、檀州⑪者，为药无效，况非此者！设服荠苨⑫，使六疾不瘳⑬。知人参为累，则茶累尽矣。

注 释

①精行俭德：品行端正，有节俭美德。

②百节：人体的各个关节。

③啜（chuò）：喝，这里用作量词，指"一口"。

④醍（tí）醐（hú）：古时指从牛奶中提炼出来的精华，味道甘甜香美。

⑤甘露：清甜的露水。

⑥卉莽：指野草。

⑦累：妨害。

⑧上党：是唐朝时的郡名，位于今山西省长治、长子、潞城一带。

⑨百济、新罗：指唐朝时位于朝鲜半岛上的两个国家。

⑩高丽：高丽王朝，古代朝鲜半岛的国家之一。

⑪泽州、易州、幽州、檀州：均为唐时州名，治所分别在今天的山西省晋城市、河北省易县、北京市西南部及北京市密云区。

⑫荠（jì）苨（nǐ）：一种长得像人参的药草。

⑬六疾不瘳（chōu）：疾病难以痊愈。六疾，即人遇阴、阳、风、雨、晦、明六种境况得的寒疾、热疾、末疾、腹疾、惑疾、心疾这六种疾病。瘳，痊愈、康复。

译 文

茶性凉，作为饮料，最适合品行端正、有节俭美德的人饮用。如果一个人感到发热口渴、胸闷、头疼、眼涩、四肢无力或关节疼痛，喝上四五口茶，其效果与喝了醍醐或甘露不相上下。

茶经 ◎ 卷上

若是茶人采茶不合时节，制茶不够精细，茶中夹杂着野草，人喝了以后会生病。茶对人体的危害，同错服人参而产生的后果一致。上等的人参出产在上党，中等的出产在百济、新罗，下等的则多出产在高丽。人参出产在泽州、易州、幽州、檀州，品质较差，几乎没有任何药效，更何况还有不如它们的呢！人如果把荠苨当作人参服用，病就好不了。如果明白了人参对人的危害，茶对人的危害也就可想而知了。

蕉下对饮

解　读

陆羽认为，茶叶有养生之效。若人有燥热、淤堵之状，茶都可以帮上忙。那些品行端正、有节俭美德的人，可以借助茶，带来片刻清凉。陆羽认为，饮茶使人醍醐灌顶，意解心开；如饮甘露，得以欣喜。

读到这里，不免令人一震。《茶经》之所以为"经"，其原因呼之欲出。它与"四书"一般，有一层修身致用的意味。"采不时，造不精，杂以卉莽，饮之成疾"，与儒家之"君子比德于玉"讲的是一个道理。可见刘勰所说，"道沿圣以垂文，圣因文而明道"，实为不虚。

茶的种子要播在好土里，若没有长在对的地方，就可能无法达到其应有的效用，甚或"为累"。这便是陆羽在《一之源》篇末的劝诫。

茶叶有趣

茶的雅号

茶的雅号有很多，例如"不夜侯"。西晋文学家张华在《博物志》中称："饮真茶，令人少眠，故茶美称不夜侯，美其功也。"茶也名"清友"，北宋大臣苏易简在《文房四谱》中言："叶嘉，字清友，号玉川先生。清友谓茶也。"茶又名"余甘氏"，南宋学者李郛在《纬文琐语》中称："世称橄榄为余甘子，亦称茶为余甘子，因易一字，改称茶为余甘氏。"茶还有"森伯""涤烦子"等雅称。

随着名茶的出现，茶往往以名茶的简称代指，如"龙井""云雾""毛峰""仙毫""紫笋""雀舌""玉露""银针""瓜片""金螺"等。

"茶"字的出现

人们通常认为"茶"字出现在唐朝中期。在此之前，古人以"荼"字指"茶"。据明末清初学者顾炎武考证，"茶"这个字是从唐朝会昌元年（841年）柳公权书写《玄秘塔碑铭》、大中九年（855年）裴休写《圭峰禅师碑》时开始出现的，因此，顾炎武确定"茶"字"变于中唐以下也"。从此，"茶"字的形、音、义才固定下来。

各国"茶"的读音

"茶"字的音、形、义是中国最早确立的。茶叶从中国输往世界各地，因此，世界各国对茶的称谓均源于中国"茶"字的读音。

英语"tea"、德语"tee"、法语"thé"等都是由闽南语的"茶"字音译过去的。

俄语的"чай"是由我国北方的"茶"的发音音译而来的。

日语的"茶"读作"ちゃ"，发音类似于"jia"，更接近茶的另一个名称——槚。

茶的别名

茶
出自《诗经》，古时常代指茶。

荼
出自《开元文字音义》，在陆羽的《茶经》问世后大行于世。

蔎
出自扬雄的《方言》，流传于四川西南部。

茗
出自《晏子春秋》，沿用至今。

槚
出自《尔雅》，是有关茶的最早的文字记载。

荈
出自司马相如《凡将篇》，古时常代指茶。

茶没有在冰川时期冻死

约二百多万年前，地球进入第四纪，气候寒冷，大部分亚热带植物被冻死，而我国滇、贵、川等地区的地理环境温湿，使这一地域中包括茶树在内的许多植物，得以幸存下来。我国西南地区有着茂密的原始森林和肥沃的土壤，气候温暖湿润，特别适合茶树生长。

如今，可以产茶的国家遍布全世界，所有这些产茶国的茶树也都是直接或间接从中国传入的。从1980年到1984年，日本科学家桥木实教授曾3次到我国云南、广西、湖南、四川等地做了考察，发现各地外传的茶树虽然发生了连续性变异，但不存在物种的变异。因此，他们认为，茶树的传播以四川、云南为中心，往南推移，由缅甸到阿萨姆，向大叶乔木发展；往北推移，则向小叶灌木发展。

印度第一次种茶

1834年1月，印度茶叶委员会秘书戈登一行来中国调查种茶和制茶的方法，购得了大批茶籽，并于1835年将这些茶籽运到了加尔各答。这是印度栽培茶树之始。

野生大茶树

至 20 世纪 90 年代，中国已在 11 个省（自治区）的 200 多处发现了野生大茶树。其中，云南省镇沅、景东、勐海、澜沧、师宗等地，都有树龄近千年、树高 20 多米、干径超过 1 米的古茶树。

1961 年，在云南省海拔 1500 米的大黑山密林中，发现一棵高 32.12 米、树围 2.9 米的野生大茶树。这棵茶树以单株存在，树龄约 1700 年，是迄今为止世界上最大的野生茶树。人们还在这一带发现了 9 棵类似的大茶树，这些茶树的高度在 16 米左右，有的在 20 米以上。1996 年，人们在云南镇沅县千家寨，海拔 2100 米的原始森林中，发现一株高 25.5 米、底部直径 1.2 米、树龄 2700 年左右的野生大茶树。在这片森林中，直径 30 厘米以上的野生茶树到处可见。

冰川期茶树

吴觉农与中国茶业

吴觉农，原名荣堂，是我国著名的农学家、农业经济学家及现代茶业复兴与发展的奠基人。吴觉农因立志献身农业，钻研茶叶事业，故改名觉农。吴觉农被誉为"当代茶圣"，其所著《茶经述评》是现今研究陆羽的《茶经》的权威性著作。

《茶经述评》是一部现代茶学专著，它既详细地评述了陆羽的《茶经》，又以其他农书典籍、茶叶古书为辅助，得出关于我国茶史的新观点。更为重要的是，吴觉农将茶叶的现代发现与科学研究融入其中，指出我国当代茶业最迫切的问题是实现茶叶生产的现代化。

叶嘉的故事

《叶嘉传》是苏轼用拟人手法为茶叶作的一篇传记，文中的"叶嘉"就是茶叶的化身。在故事里，叶嘉是福建人。叶嘉的曾祖父退隐后游览名山，刚到武夷山，就喜欢上了这里，便在当地安了家，一直到叶嘉这一代。

叶嘉年轻时就很注重品德的培养。有人劝叶嘉练习武艺，他回答说："一支枪，一杆旗，不是我做的事。"于是，叶嘉四处游历，还在途中拜访了陆羽。陆羽很喜欢他，觉得他与众不同，就把他的言行记录下来。没想到，很多人看了陆羽的文章，都倾慕叶嘉。

当时，皇帝喜欢看经史传记，读到介绍叶嘉的文章后也很喜欢，感叹自己不能与叶嘉在同一个时代。正巧叶嘉有个同乡在皇帝身边侍奉，他告诉皇帝："叶嘉气质清净淡泊，品行纯正，令人敬爱，在我们那儿很有声望。叶嘉有治世之才，陆羽对他的了解也是有限的。"皇帝听了大吃一惊，立刻下令召见叶嘉。

皇帝看到叶嘉，说："朕知道你很久了，但还不了解你。今天，朕倒要看看，你到底有什么能耐！"皇帝又看了看大臣们，突然严厉地说，"这个叶嘉看上去像铁一样，禀性刚劲，看来得先敲打敲打！"大臣们一脸狐疑。接着，皇帝吓唬叶嘉："砧板斧子在前，锅鼎在后，这些都是为你准备的。现在，朕要蒸煮你，你有什么话说？"

叶嘉气定神闲，平静地回答："我原是深山密林里的一个无名的卑贱之人，今天有幸见到圣上。我倘若有机会为您效命，造福于天下，即便粉身碎骨，我也在所不辞。"

只见这时候，皇帝高兴地咂着舌头："初见叶嘉，谈不上喜欢，细品他的话，却别有味道。朕的精神也顿时清醒了。《尚书》中说：'启乃心，沃朕心。'这句话说的就是叶嘉啊！"

叶嘉面圣

不久后，叶嘉位居尚书，专管皇帝的喉舌。

有一次，皇帝在御花园设宴，喝了很多酒。叶嘉直言苦谏，惹得皇帝很不高兴，便被弃用了。由于仕途不顺，叶嘉隐退回乡。皇帝日日为国事操劳，疲累得不行时，经常回想起叶嘉。后来，皇帝又下令把叶嘉召回。

二 之 具

茶人负以采茶也。

原 文

籯^①，加追反^②。一曰篮，一曰笼，一曰筥^③。以竹织之，受五升^④，或一斗、二斗、三斗者，茶人负以采茶也。籯，《汉书》音盈，所谓"黄金满籯，不如一经^⑤"。颜师古^⑥云："籯，竹器也，受四升耳。"

灶^⑦，无用突^⑧者。釜^⑨，用唇口^⑩者。

甑^⑪，或木或瓦，匪^⑫腰而泥。篮以箄之，篾以系之^⑬。始其蒸也，入乎箄；既其熟也，出乎箄。釜涸，注于甑中。甑，不带而泥之。又以榖木枝三桠者制之，散所蒸牙笋并叶，畏流其膏。

杵臼^⑭，一曰碓，惟恒用者佳。

注 释

①籯（yíng）：指用竹子制成的笼、篮子等盛物器具。这里指的是采茶用的竹篓，通风透气，能够保持采摘叶的鲜嫩。

②加追反：对"籯"字的反切注音，规则是用两个汉字相拼来给另一个汉字注音，上字与被切字声母同，下字与被切字韵母和声调同，上下拼合就是被切字的读音。然而，古今的四声、声母均存在差异，反切出的音与现在的拼音时常有出入。

③筥（jǔ）：用竹子制成的圆形盛物器具。

④升：唐代有大升、小升之分，大升约为现在的 600 毫升，小升约为现在的 200 毫升。

⑤黄金满籯，不如一经：出自《汉书·韦贤传》，意思是留给后辈满箱黄金，还不如留给他一部经典。此处的"经"，指儒家典籍。

⑥颜师古：初唐著名学者，曾为《汉书》作注。

⑦灶：这里指煮水烹茶的小炉灶。

⑧突：烟囱。

⑨釜：古代炊具，相当于今天的锅。

⑩唇口：敞口，锅口边沿向外反出。

⑪甑（zèng）：古代的蒸炊器，作用类似于我们现在用的蒸锅。

⑫匪：同"篚"，竹制圆形盛物器具，这里指甑与釜的连接处呈篚状。

⑬篮以箄（bì）之，篾（miè）以系之：甑内放上竹篮一样的箄，然后用竹条

将其系牢。箪，放在甑底的竹席。篾，长条的薄竹片。

⑭杵(chǔ)臼(jiù)：即木杵和石臼。

译 文

籝，"加""追"的反切音。又称篮、笼、筥。籝由竹子编织而成，容积为五升、一斗、两斗、三斗不等，是茶人背着采茶用的。籝，在《汉书》中读音为"盈"，书中有"黄金满籝，不如一经"之句。颜师古说："籝，是一种竹器，容积为四升。"

灶，不要用有烟囱的。锅，要用锅口边沿向外反出的。

甑，主要为木制或陶制，像筐一样的甑与釜的连接处需要用泥封好。甑内放上竹篮一样的箪，然后用竹篾将其系牢。刚开始蒸的时候，茶人要把茶叶放入箪里；等熟了，再从箪里倒出来。如果锅里的水煮干了，茶人则要从甑中加水进去。甑，涂泥时周围不完全涂满。蒸的过程中可用三权的穀木轻微翻动。蒸后的嫩芽叶要立即摊开，防止茶叶中的汁液流失。

杵臼，又名碓，最好用经常使用的。

解 读

茶之具，在这里不是指喝茶的器具，而是采茶、制茶的工具。陆羽之后，茶叶专著越来越多，可将采制工具写得如此明白透彻的，却不多见。陆羽行文极其精练，仅用三言两语就把工具的名称、别名、材质、容量、用途交代得清清楚楚。

"茶人负以采茶也"，这一句很值得玩味。"茶人"一词最早出于此，当时指的是采茶、制茶的人。清朝诗人陈章曾作《采茶歌》，讲到了采茶的艰辛：

> 凤凰岭头春露香，青裙女儿指爪长。
> 度涧穿云采茶去，日午归来不满筐。
> 催贡文移下官府，那管山寒芽未吐。
> 焙成粒粒比莲心，谁知侬比莲心苦。

采茶得赶早出发，因为茶都生长在高山之上，茶人需"度涧穿云"。采茶费时辛劳，"日午归来不满筐"。种植的茶叶如果成了贡茶，当地百姓可就不得安宁

了。喝在口中的茶是香甜的，可茶人的艰辛，又有谁能知晓和体谅呢？

与陈章同时代的诗人张日熙，也曾在《采茶歌》中这样写：

> 布裙红巾俭梳妆，茶事将登蚕事忙。
>
> 玉腕熏炉香茗冽，可怜不是采茶娘。

采茶女的装束往往是"布裙""红巾""俭梳妆"，她们总会有着干不完的农活，而诗中所说的"玉腕熏炉香茗冽"则存在于另外一个遥不可及的世界。茶人从来无法衣着靓丽，也无暇享受青山绿水、阳光明媚、微风轻拂的美景。

时至今日，人们提起茶人，已经不大能够联想到辛苦的采茶者，更多是技艺高超的制茶者、茶叶领域的研究者以及端坐茶桌前的奉茶者。茶人，更多的代表的是一种责任。吴觉农先生曾说："我从事茶叶工作一辈子，许多茶叶工作者、我的同事和我的学生同我共同奋斗。他们不求功名利禄，升官发财；不慕高堂华屋，锦衣美食；没有人沉溺于声色犬马，灯红酒绿，大多一生勤勤恳恳，埋头苦干，清廉自守，无私奉献，具有君子的操守，这就是茶人风格。"

了解了"茶人"的艰辛后，当我们再次端起一杯茶，心中的感念兴许会有所不同。

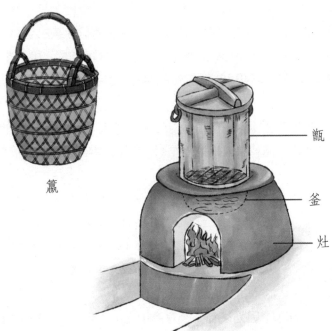

籯

甑

釜

灶

篝

三杈穀木

杵

臼

原 文

规，一曰模，一曰棬①。以铁制之，或圆，或方，或花。

承，一曰台，一曰砧②。以石为之。不然，以槐桑木半埋地中，遣③无所摇动。

襜④，一曰衣。以油绢⑤或雨衫、单服败者为之。以襜置承上，又以规置襜上，以造茶也。茶成，举而易之。

芘莉⑥，音杷离⑦。一曰籝子⑧，一曰篣筤⑨，以二小竹，长三尺，躯二尺五寸，柄五寸。以篾织方眼，如圃人⑩土罗⑪，阔二尺，以列茶也。

注 释

①棬(quān)：制茶用的工具。

②砧：捶、砸或切东西时垫在底下的器具，有铁制的，砸钢铁材料时用；有石头制的，捶衣物时用；有木头制的，即砧板。

③遣：使，让。

④襜(chān)：这里指制茶时铺在砧上的布。

⑤油绢：用桐油涂绢绸制成的雨衣。

⑥芘(pí)莉：用竹子制成的晾晒工具。

⑦音杷离：《茶经》"芘莉"的注音与现行的拼音有差异。

⑧籝(yíng)子：筐、笼一类盛物的竹器。

⑨篣(páng)筤(láng)：盛物的竹器。篣、筤为两种竹名。

⑩圃人：农人。

⑪土罗：筛土用的筛子。

译 文

规，又称为模，还称为棬，用铁制成，形状多样，有圆形、方形、花形。

承，又称为台，还称为砧，用石头制作而成。如果不用石头做，而用槐树或桑树做，就要把它的下半截埋入土中，确保不会晃动。

襜，又称为衣，用穿坏了的油绢、雨衣、单衣做成。先把襜放在承上面，襜上再放上规，用来制作压紧的茶饼。一块茶饼压好后，把它拿出来，再做下一个。

　　芘莉，**读音为"把离"**。又叫籯子，或者是筹筤。它用两根长三尺的小竹竿做边，躯干长二尺五寸，柄长五寸。中间用竹篾编织成方眼网，就像农人用的筛子，两根竹竿的间距为二尺，用来放置茶饼。

解 读

　　陆羽在这四段文字中分别介绍了唐朝制作茶饼的工具。模具是铁的，按照需要制成各种形状。其余工具信手为之，较为简陋：以平铺的巨石，或将原木半截埋在土中做台子，再铺上废旧的油绢等物，作为台巾。仅此而已。唐朝的茶饼没有具体尺寸，大小不一。芘莉则是专门摆放茶饼的工具。

　　唐朝茶饼的生产，工艺紧凑而完整，而且产量达到了一定规模。这种工艺延续下来，经历代完善，才有了如今的各种紧压茶，如普洱茶饼、白茶饼及各种砖茶等。

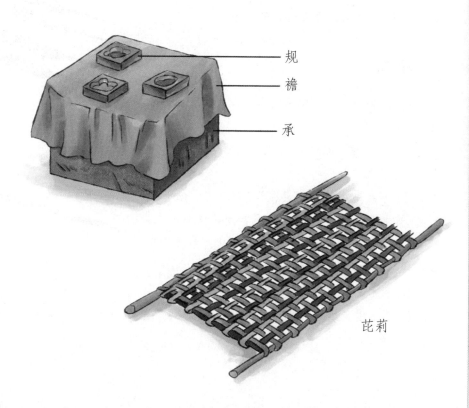

规

襜

承

芘莉

原 文

棨^①，一曰锥刀。柄以坚木为之，用穿茶^②也。

扑^③，一曰鞭。以竹为之，穿茶以解^④茶也。

焙^⑤，凿地深二尺，阔二尺五寸，长一丈。上作短墙，高二尺，泥之。

贯^⑥，削竹为之，长二尺五寸。以贯茶焙之。

棚，一曰栈。以木构于焙上，编木两层，高一尺，以焙茶也。茶之半干，升下棚；全干，升上棚。

注 释

①棨（qǐ）：古代用木头做成的一种通行证，形似戟。这里指用来穿茶饼中间孔洞的锥刀，呈戟形。

②穿茶：茶饼中间有孔，可以穿成一串，便于运输和销售。

③扑：穿茶饼用的竹条、绳索。

④解（jiè）：搬运。

⑤焙（bèi）：这里指烤茶用的土炉。

⑥贯：焙茶时用于穿茶饼的竹条。

棨

译 文

棨，又称锥刀。用坚实的木料做成柄，棨主要用于给茶饼穿孔。

扑，又称鞭，由竹条制成，用于将茶饼穿成串，方便搬运。

焙，即在地上挖深二尺、宽二尺五寸、长一丈的坑，坑上面垒二尺高的矮墙，然后用泥抹平整。

贯，由竹子削制而成，长二尺五寸，用来穿茶烘焙。

扑

棚，又称栈。棚是置于焙上的木架，分上下两层，高一尺，用于烘焙茶饼。茶饼半干的时候，需放在下层焙烤；全干的时候，需移到上层。

茶经 ◎ 卷上

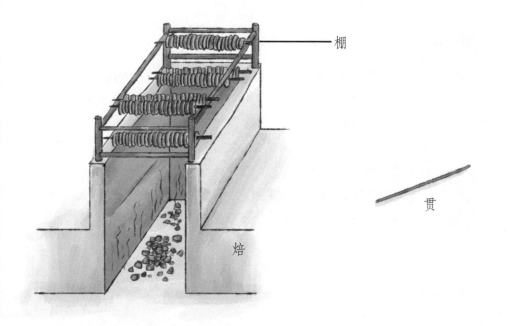

棚

贯

焙

解 读

此处，陆羽介绍了焙茶工具，有棨、扑、焙、贯、棚。

唐朝使用蒸青工艺，鲜叶蒸煮后直接用模具做成茶饼，导致茶饼的含水量很高。据吴觉农先生讲述："茶叶出模具后，含水量达百分之十五以上。"茶饼如果不及时焙干，很快就会变质。为方便搬运，须用"棨"穿孔，再用"扑"穿起来，之后穿在"贯"上，再放到"棚"上焙烤，烘干至适度为止。

现代制茶，焙火是其中十分关键的一环，尤其是红茶、岩茶的焙火。它对技术的要求很高，在一定程度上决定了茶叶的品质。茶厂里的高级焙火师尤其受人尊敬。

如今的焙茶和古代有些不同，茶厂都有专门焙火的机器，但一些名贵的茶种依然沿用炭焙手法。焙火，不仅是为了除去茶叶中的水分，更重要的是提香，使茶叶中的芳香物质在高温作用下充分散发。另外，有些隔年的岩茶或红茶，可以再次焙火，复焙后的茶香可以与当年的茶媲美。复焙可以去除茶叶的潮味，但要特别注意控制时间和温度。如今，市面上可以轻松购得家用小型焙火机，使用起来也很便利。

当然，不是所有茶都适合复焙，如绿茶、花茶等。

原 文

穿，音钏①。江东②、淮南③剖竹为之；巴川、峡山④，刿榖皮⑤为之。江东以一斤为上穿，半斤为中穿，四两、五两为小穿。峡中⑥以一百二十斤为上穿，八十斤为中穿，五十斤为小穿。"穿"字旧作"钗钏⑦"之"钏"字，或作"贯串"。今则不然，如"磨、扇、弹、钻、缝"五字，文以平声书之，义以去声呼之，其字以"穿"名之。

育⑧，以木制之，以竹编之，以纸糊之。中有隔，上有覆，下有床，傍有门，掩一扇。中置一器，贮塘煨火⑨，令煴煴然⑩。江南梅雨时，焚之以火。育者，以其藏养为名。

注 释

①钏（chuàn）：用珠子或玉石等穿起来做成的镯子，束于臂、腕间。

②江东：指江南东道，唐朝开元十五道之一，相当于今江苏南部和浙江、福建两地。

③淮南：淮南道。唐朝贞观十道、开元十五道之一。在今淮河以南、长江以北，东至海，西至湖北广水、应城、汉川等地。

④巴川峡山：四川东部、湖北西部地区。

⑤榖皮：构树皮，纤维含量高，耐腐蚀，自古就是搓绳、造纸的好材料。

⑥峡中：重庆、湖北境内的三峡地区。

⑦钗钏：钗簪与臂镯。泛指妇人的饰物。

⑧育：储存茶饼的器具。

⑨塘（táng）煨（wēi）火：火势微弱。塘煨，即热灰，可以煨物。

⑩煴（yūn）煴然：火光微弱的样子。

译 文

穿，读音为"钏"。在江东、淮南一带，人们劈开竹竿做成"穿"；巴川峡山的，则是搓捻构树皮做成"穿"。江东地区的人们把一斤重的"穿"称为"上穿"，把半斤重的"穿"称为"中穿"，四两、五两重的称为"小穿"。峡中一带的人们称一百二十斤重的为"上穿"，八十斤重的为"中穿"，五十斤重的为"小穿"。

"穿"字原先作"钗钏"的"钏"字，或作"贯串"的"串"字。现在则不同，就像"磨""扇""弹""钻""缝"五个字一样，一般为平声，但作动词使用时，读去声，但字形还是要写成"穿"。

育，用木料制成框架，然后用竹篾编织外围，最后用纸裱糊。中间有间隔，上面有盖，下面有托盘，旁边有门，并且掩上一扇。在育中放一器皿，放入热灰，使火势微弱。在江南的梅雨季节，育加火后可用来除湿。育，因有储存、煨养茶饼的作用而得名。

育

解 读

"穿"有两层含义：

一是指将茶饼穿起来的篾条、绳索一类的东西，读音为"chuàn"。陆羽把这件物品归为茶的加工工具之一。"穿"取材广泛，盛产竹子的江东、淮南一带多采用篾条，而峡中采用构树皮搓成的绳索，经济便捷。

二是指茶的计量单位，类似于"串"。薛能在《谢刘相公寄天柱茶》诗中有言："两串春团敌夜光，名题天柱印维扬。"此处的"串"指的便是茶饼。"穿"的规格并无统一标准，一穿或一串的重量大小不一。

"育"是封藏茶用的工具，也有复焙功能，形状类似今天的烘箱。"育"的框架为木制，中间有隔，箱体分为上下两层，上层储存茶叶，下层放炭火盆，火光微弱，无火焰，火盆下面有底座。"育"的整体是用竹篾编成的，外面用纸裱糊。《茶经》中并没有另外讲茶饼的包装，可见在当时，"育"的防潮功能已经可以满足人们的日常所需。

到了现代，我们更加重视茶叶的储存。主要注意事项有以下三点：

第一，防潮。潮湿的地方茶叶很容易发霉，尤其是七、八、九月份，必要时需准备抽湿机。

第二，防光。茶叶储存应该避光，尤其是强光。茶叶接触阳光，会使叶绿素褪色，使茶叶色泽暗沉。此外，强光会导致茶叶中香气物质挥发，影响品质。

第三，防异味。茶的吸附性很强，尤其要远离化学物品，如香水、洗衣粉、化妆品等。我们经常喝的茉莉花茶就是利用茶叶的吸附性，将茉莉花的花香吸附到绿茶的茶青上制作而成。

此外，不是所有的茶都需要冰箱保存，绿茶、铁观音等乌龙茶需要冷藏，但冰箱要专门存储茶叶，不能同时存放其他食品。

《茶经·二之具》中涉及的制茶用具，现已被更加科学便捷的现代工具所替代。一个时代有一个时代的风物与精神，不论古今，人们使用工具，都是要把事情做好，来达到相应的目的。

绿茶与杀青

绿茶是我国产量最高的茶类，属不发酵茶，其品质特征为"清汤绿叶"。绿茶的基本加工流程分杀青、揉捻、干燥三个步骤。杀青是绿茶加工制作的第一道工序，目的是抑制鲜叶中酶的活性，保持茶叶的"绿"；使之失去部分水分，变得柔软，以便成型。杀青方式有锅炒杀青和蒸汽杀青两种。以蒸汽杀青制成的绿茶称"蒸青绿茶"；以锅炒杀青的茶根据干燥方式的不同，又有炒干、烘干和晒干之别，分别称为炒青、烘青和晒青。

"杀青"一词源于先秦时期，最早是指竹简刻字前的烤火工序，用于烤干竹简的水分，使之更容易刻字。杀青后的竹简还可防虫蛀。

蒸青绿茶

蒸青绿茶是我国古代最早发明的一个茶类，以蒸汽将茶鲜叶蒸软，再揉捻、干燥而成。蒸青绿茶常有"色绿""汤绿""叶绿"的三绿特点，十分悦目。唐朝、宋朝时就已盛行蒸青制法，并由僧人传入日本。至今，日本还沿用这种制茶方法。蒸青绿茶是日本绿茶的大宗产品，日本茶道中常用的茶叶就是蒸青绿茶中的一个品类——抹茶。

恩施玉露

恩施玉露是我国的传统名茶，沿用蒸青工艺，产于湖北省恩施市东郊的五峰山。当地的气候温和，雨量充沛，云雾缭绕，土质深厚肥沃，这样的生态环境不但促进了茶叶生长，还使得茶叶内含的叶绿素、蛋白质、氨基酸和芳香物质特别丰富。远在宋朝，这里就已经生产茶叶了。相传，恩施玉露的制作始于清朝康熙年间，因味道鲜爽，外形翠绿，毫白如玉，格外显露，故得名"玉绿"，后又因品质的提升，改名为"玉露"。玉露茶的品质特点：外形呈条索状，似针，叶片紧圆光滑，纤细挺直，色泽苍翠绿润；汤色嫩绿明亮，香气清爽，滋味醇和。

炒青绿茶

炒青绿茶是我国绿茶中的大宗产品，其中又有长炒青、圆炒青和细嫩炒青之别。长炒青，又称"炒青"，为长条形的炒青绿茶，分为六级十二等。圆炒青，又称"圆茶"，鲜叶需经过杀青、揉捻、锅炒造型后，才能制成圆形炒青绿茶。圆炒青主要产于浙江和安徽，有"珠茶""泉岗辉白""涌溪火青"等品种。细嫩炒青是指细嫩芽叶加工而成的炒青绿茶，为特种绿茶的主要品类，多属历史名茶，如杭州的"西湖龙井"、苏州的"洞庭碧螺春"及南京的"雨花茶"，安徽六安的"六安瓜片"、休宁的"松萝茶"、歙县的"老竹大方"，湖南安化的"安化松针"，河南信阳的"信阳毛尖"，陕西镇巴的"秦巴雾毫"，贵州都匀的"都匀毛尖"，福建南安的"南安石亭绿"，江西庐山的"庐山云雾"等。

西湖龙井

杭州产茶历史悠久，《茶经》中记载杭州天竺、灵隐二寺产茶。到了宋朝，下天竺香林洞产的香林茶和上天竺白云峰产的白云茶，被列为贡品。明朝时，龙井茶被列为上品。龙井茶产地分布在狮峰山、龙井村、梅家坞、云栖、五云山、虎跑、灵隐一带。龙井茶以狮子峰所产的为最佳，称为狮峰龙井，色泽嫩黄，高香持久；龙井村所产的龙井茶，芽叶肥嫩，芽锋显露，茶味较浓；梅家坞所产的龙井茶，做工精湛，色泽翠绿，形似碗钉，扁平光滑。这些龙井茶产地多为海拔 30 米以上的坡地，西北方以白云山和天竺山为屏障，阻挡冬季寒风的侵袭；东南方有九曲十八涧，河谷深广。在春茶吐芽的时节，当地常常细雨蒙蒙，云雾缭绕。龙井茶区的茶树品种，芽叶柔嫩而细小，富含丰富的氨基酸、儿茶素、叶绿素和多种维生素。优越的自然条件和优良的茶树品种，为龙井茶的优良品质的形

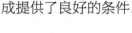

成提供了良好的条件。

烘青绿茶

烘青绿茶的外形虽不如炒青绿茶那样光滑紧结，但条索完整，常显锋苗，白毫显露。烘青绿茶的色泽多为绿润，冲泡后茶汤香气清鲜，香清味醇，叶底嫩绿明亮。根据原料老嫩和制作工艺的不同，烘青绿茶又可分为普通烘青与细嫩烘青两类。普通烘青绿茶主要产于浙江、江苏、福建、安徽、江西、湖南、湖北、四川、贵州、广西等地。很少有人会直接饮用烘青绿茶，人们通常会将其作为熏制花茶的茶坯，制成烘青花茶。细嫩烘青绿茶以细嫩芽叶为原料，精工制作而成，多有名茶。

黄山毛峰

黄山毛峰是代表性的名优烘青绿茶。黄山位于我国安徽省境内，当地的产茶历史悠久。据《黄山志》记载："莲花庵旁就石隙养茶，多清香冷韵，袭人断腭，谓之黄山云雾茶。"这就是黄山毛峰的前身。黄山毛峰细扁稍卷曲，有峰毫，形似雀舌，鱼叶呈金黄色，色泽嫩绿油润，俗称"黄金片"。黄山毛峰的采制非常精细，可分为特级、一级、二级和三级。茶人往往在清明节前后采制特级茶，以一芽一叶初展为标准，当地称其为"麻雀嘴微开"。

晒青绿茶

经过杀青、揉捻、晒干的绿茶统称"晒青绿茶"。晒青绿茶的产地主要是云南、四川、贵州、广西、湖北、陕西等省及自治区。晒青绿茶的主要品类有云南的"滇青"、陕西的"陕青"、四川的"川青"、贵州的"黔青"、广西的"桂青"等。晒青绿茶除一部分以散茶形式销售饮用外，还有一部分经再加工，制成紧压茶销往边疆地区，如由湖北老青茶制成的"青砖"，以及用云南、四川的晒青绿茶加工成的"沱茶""饼茶"和"康砖"等。

下关沱茶

早在 1902 年，云南下关的"复春和"等商号就开始进行研制沱茶。1917 年，沱茶成功定型。沱茶造型独特，状如碗臼。云南人习惯称块状物体为"坨"，因此一开始为此茶取名"坨茶"。当年，"坨茶"销往四川"叙府"，即今宜宾。当地人用沱江水泡饮"坨茶"，别有一番风味。沱江水、下关茶两相结合，使得"坨茶"的声誉倍增。久而久之，"坨茶"就逐渐演变成了"沱茶"。

恩施玉露

西湖龙井

黄山毛峰

下关沱茶

炒米贮茶法

　　炒米适宜于炒青绿茶的贮藏，可使藏茶略带炒米香。其方法是把炒米放入瓦坛或铁桶中，然后用薄质牛皮纸或食品塑料袋装好茶叶并放入用于储存的容器中，炒米可吸收空气中的水分和潮气。经过 1~2 个月，炒米吸潮发软，经复炒后，方可再次使用。此法可在较长时间内保证茶叶的品质。

三 之 造

晴，采之、蒸之、捣之、拍之、
焙之、穿之、封之，茶之干矣。

原 文

凡采茶，在二月、三月、四月之间。茶之笋者，生烂石沃土，长四五寸，若薇蕨^①始抽，凌露采焉^②。茶之芽者，发于藂薄^③之上，有三枝、四枝、五枝者，选其中枝颖拔^④者采焉。其日，有雨不采，晴有云不采。晴，采之、蒸之、捣之、拍之、焙之、穿之、封之，茶之干矣^⑤。

注 释

①薇蕨：指薇和蕨，为贫苦者所常食，嫩叶皆可作蔬。这里指茶叶抽芽时的样子。

②凌露采焉：趁着茶叶上的露水未干就开始采摘。

③藂（cóng）薄：指丛生的草木。藂，丛生。

④颖拔：挺拔。

⑤茶之干矣：茶叶干燥，制作完成。

译 文

采茶一般都在农历二月、三月、四月之间。肥壮如笋的茶叶，生长在岩石风化的肥沃土壤里，叶长可达四五寸，像极了刚刚破土而出的薇、蕨嫩叶，茶人要趁着茶叶上的露水未干就开始采摘。次一等的芽叶生长在草木丛生处，老枝生发出三、四、五枝新梢，要选择挺拔肥壮的去采摘。当天下雨不宜采，晴天但有大量云的情况也不宜采，万里无云的晴天才是采茶的最佳时机。茶人需将采摘下来的芽叶，放入甑中蒸熟，然后用杵臼捣烂，再放到提前准备好的模型里拍压成不同形状的茶饼，接着再焙干，穿饼成串，封藏好，茶叶就制作完成了。

解 读

陆羽将采茶到成茶的整个过程，叫作"造"。

《茶经·三之造》开篇的第一句是讲采茶："凡采茶，在二月、三月、四月之间。"采茶非常讲究采摘时间。春茶采摘，在农历二月、三月、四月之间。现在，长江流域的茶人开采春茶，也是选在这个时候。唐朝诗人白居易《谢李六郎中寄新蜀茶》中有"红纸一封书后信，绿芽十片火前春"两句。"火前"这个时间点与《茶经》中所讲的采摘时间刚好吻合。我们现在喝的"明前茶"，就是在清明节前采摘的。

对于茶叶采摘的具体细节，陆羽也在《茶经》中作了说明，比如"长四五寸""颖拔""凌露采焉"。意思是茶芽长到饱满肥壮，茶人需趁着露水未干，在日出前完成采摘，生怕茶叶蔫了。宋朝史学家赵汝砺在《北苑别录》中说道："采茶之法，须是侵晨，不可见日。"古人认为，日出后采茶，茶叶受阳气所迫，精华流失，冲泡时便会不够鲜灵清澈。

"晴有云不采"，因为可能会下雨。古代制茶都是露天作业，鲜叶蒸青后的散湿、茶饼出模具后的初干，以及烘焙前的晒干都需在晴天进行，所以对天气有一定的要求。到了现代，制茶条件具足，茶人不再趁着露水未干采茶，晴有云时也会采。

"采之、蒸之、捣之、拍之、焙之、穿之、封之"是唐朝制茶的基本流程，与《茶经·二之具》所列的采茶、蒸茶、捣茶、拍茶、焙茶、穿茶、封茶所需的生产工具相互对应。

唐朝除了蒸青法，也出现了炒青工艺的苗头。唐朝诗人刘禹锡的《西山兰若试茶歌》中有"斯须炒成满室香"一句，我们可以从中看出炒青的痕迹。只是炒青并未在唐朝流行，也未在宋朝发展起来，一直到明朝才开始盛行。明朝是中国茶史的又一重要节点。在这一时期，散茶逐渐取代茶饼，成为主流。明朝的散茶，一开始也主要采用蒸青的制法，而后逐渐采用炒青。蒸青味和，炒青香高，各有优势。

唐朝茶饼制作工序

篇

三权榖木

甑

釜

采茶

蒸茶

封茶

穿茶

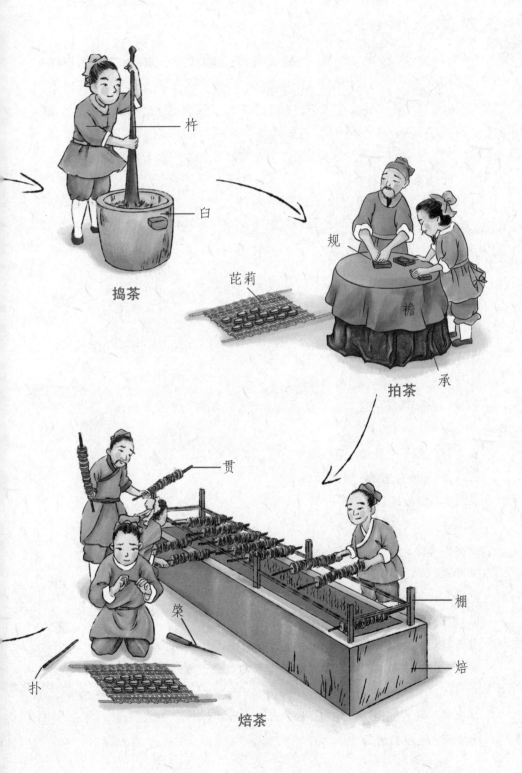

杵

臼

捣茶

芘莉

规

檐

承

拍茶

贯

棚

焙

扑

焙茶

45

原 文

茶有千万状，卤莽而言①，如胡人靴者，蹙缩②然；京锥文③也。犎牛臆④者，廉襜⑤然；浮云出山者，轮囷⑥然；轻飙⑦拂水者，涵澹⑧然；有如陶家之子⑨，罗膏土以水澄泚⑩之；谓澄泥也。又如新治地者，遇暴雨流潦⑪之所经。此皆茶之精腴⑫。有如竹箨⑬者，枝干坚实，艰于蒸捣，故其形籭簁⑭然。上离下师⑮。有如霜荷⑯者，茎叶凋沮⑰，易其状貌，故厥状委悴⑱然。此皆茶之瘠老者也。

自采至于封七经目。自胡靴至于霜荷八等。或以光黑平正言嘉者，斯鉴之下也；以皱黄坳垤⑲言佳者，鉴之次也；若皆言嘉及皆言不嘉者，鉴之上也。

注 释

①卤莽而言：粗略地说。

②蹙(cù)缩：皱缩。

③京锥文：用大锥子刻画的线纹。京，大。

④犎(fēng)牛臆：这里指茶饼表面与野牛的胸部一样，有细纹。犎牛，亦名峰牛、封牛。臆，胸部。

⑤廉襜(chān)：簾襜。簾，帘子。襜，裙子。

⑥轮囷(qūn)：盘曲、盘绕的样子。

⑦轻飙：指微风。

⑧涵澹：水激荡的样子。

⑨陶家之子：烧制陶器的人。

⑩澄泚(cǐ)：水中杂质沉淀下去，使水变得清澈。

⑪潦(lào)：积水。

⑫精腴：指茶的内质丰美。

⑬竹箨(tuò)：指竹笋的外壳。

⑭籭(shāi)簁(shāi)：毛、羽刚长出来的样子。籭、簁，义皆同"筛"，今音均同"筛"。

⑮上离下师：指"籭"与"簁"的读音与今音不同。

⑯霜荷：遭霜打的荷叶。

⑰凋沮：凋零。

⑱委悴：憔悴，无精打采。

⑲坳（ào）垤（dié）：土地凹的地方叫"坳"，凸的地方叫"垤"。用来形容茶饼表面凹凸不平。

 译 文

　　茶饼的形状千姿百态，粗略地说，有的像古时胡人穿的靴子，皮面皱缩；如用大锥子刻画的线纹。有的像犎牛的胸部，有细微的褶痕；有的像浮在山腰的白云，屈曲盘绕；有的像轻风拂过水面，留下微波涟涟；有的像陶匠筛出的细土，再用水沉淀而得的泥膏那样光滑又润泽；陶匠淘洗陶土称澄泥。有的又像刚刚整完的土地，经暴雨冲刷后而显得凹凸不平。像这些形状的茶都是内质丰美的茶。有的茶像笋壳，枝梗坚硬，不易蒸捣，制成的茶饼形似籭簶。读音为"离师"。有的像遭霜打的荷叶，茎叶已经凋败，最后变了样子，因而制成的茶饼枯萎憔悴。这些都是内质贫乏的茶或老茶。

　　从采摘茶叶到将其封装好，需要经过七道严格的工序。从貌似于胡人靴子的褶皱状，到类似于残败荷叶的干枯状，茶叶可以分为八个等级。有的人会把有光泽、色黑、表面平整视作好茶的标志，这是鉴别茶叶品质的下等方法；把表面发皱、色黄、看起来凹凸不平视作好茶的标志，则是鉴别茶叶品质的次等方法；如果既能够说出茶的优点，又能够说出茶的不足，这才是鉴别茶叶品质最好的方法。

解 读

　　陆羽运用了形象化的词汇，将茶饼分为"胡人靴""犎牛臆""浮云出山""轻飙拂水""澄泥""雨濡地""竹箨""霜荷"八个等级。前六种为好茶，后两种为次茶。

　　唐朝茶饼的品鉴方法，主要看外形，以匀整、松紧、嫩度、色泽和净度为标准。所谓匀整，是看形态是否完整，纹理是否清晰，表面是否有脱落；松紧是看大小厚薄是否一致；嫩度是看梗叶的老嫩程度；色泽是看鲜明油润与否；净度是看是否有其他杂物。

　　陆羽还说，只看茶饼的外形，就开始评判，这种鉴别方法并不得当，甚至是不懂茶的表现。因为在唐朝时，外表看起来光黑、平整的茶饼，不一定是好茶。隔夜制成的茶，表面颜色也会发黑；再次蒸压的茶，也是相对平整的。

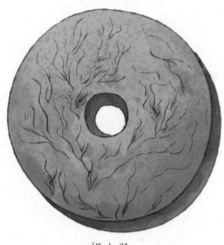

胡人靴

犎牛臆

浮云出山

轻飙拂水

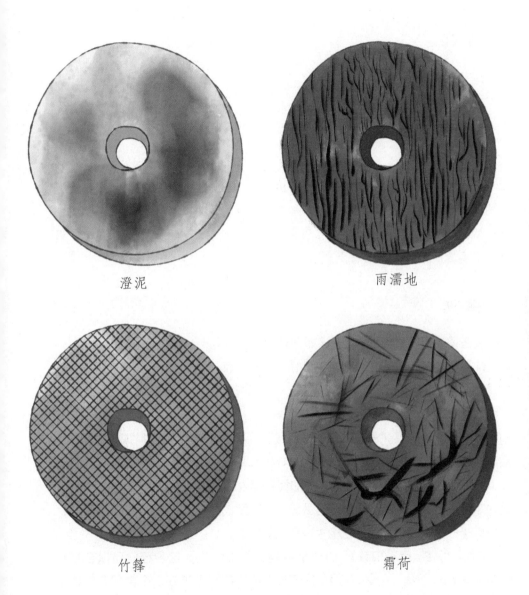

澄泥　　　　　　　　　　　　雨濡地

竹箨　　　　　　　　　　　　霜荷

何者？出膏者光，含膏者皱；宿制^①者则黑，日成者则黄；蒸压则平正，纵之则坳垤。此茶与草木叶一也。茶之否臧^②，存于口诀。

注 释

①宿制：隔一夜再焙制。
②否（pǐ）臧（zāng）：好坏，优劣。否，恶。臧，善，好。

译 文

为什么这样说呢？因为茶汁被压出来的茶叶就会很光亮，而含有较多茶汁的茶叶自然就会显得皱缩；隔夜做成的茶叶会发黑，当天做成的茶叶则发黄；蒸后压得紧的茶叶会很平整，压得不紧的茶叶会凹凸不平。其实这也是茶与草木类的叶子所共有的特点。茶做得好坏，另有一套口诀来鉴别。

解 读

真正精通茶叶优劣的人，应该如何鉴别？

陆羽认为，鉴别茶叶，既要全面指出茶的优点，又要全面指出茶的不足，这才是比较恰当的。任何一款茶都有优缺点。品茶时，这种体会尤其明显。这一过程，除了视觉，还需借助嗅觉、味觉和触觉。

古人对茶叶的品评一直停留在感官层面。直到 18 世纪，茶叶成为国际性商品后，为了便于交易，逐渐有了各种各样的审评技术和审评术语。科学技术的进步，使我们对茶叶的生化特性有了更加细致深入的了解。通过仪器，我们能够清楚地知道一份茶样，它的氨基酸含量如何，芳香物质怎么表现。然而，茶叶的优劣与其成分并不简单地呈现正相关或负相关的关系。

"茶之否臧，存于口诀。"口诀是经验积累的结果。这种经验可以在精通制茶的人那里获得，也可以在精于茶事的爱茶者那里听到。个中门道是很细致的，因为变量太多，想要一劳永逸，期待用一刀切的方法进行辨别，是行不通的。

茶经

卷上

对茶的品鉴，可参考以下四个简要方法：

第一，闻茶香。一般来说，好茶芽头肥壮，平整匀齐，色泽鲜明，无掺杂其他杂质，干茶自带茶香。

第二，看茶汤。茶汤好坏是鉴别茶之优劣很重要的一项标准。就算是再好、再贵的茶，如果茶汤浑浊，那么这款茶的做工一定出了问题。

第三，品回甘。回甘是茶最显著的特征，陆羽有言"啜苦咽甘，茶也"。苦涩是茶的特点，只有苦涩没有回甘，肯定不是好茶。注意，"甘"不是"甜"。甘是一种美味的感觉，略带甜感，指甜的层次和口感，和甜是两回事。另外，好茶的

教坊学茶

苦涩感在口腔内会很快散去，苦涩感难以散去的也不是好茶。

第四，看茶底。好茶的茶底是柔韧且富有弹性和活力的；次茶茶底坚硬，如枯草，几乎无弹性。

当然，具体到每款不同的茶，品鉴方法又各有些许差异。辨茶品茶，切忌墨守成规，食古不化。

新茶与陈茶

一般说来，购买茶叶，求新不求陈。当年采制的茶叶为新茶，隔年的茶叶为陈茶。陈化是茶叶在贮藏过程中，受湿度、温度、光线、氧气等诸多外界因素的单一或综合影响所致。茶叶在贮藏过程，内含物发生了变化，这是产生陈气、陈味和陈色的根本原因。

茶叶中类脂物质的氧化或水解可产生陈味。氨基酸的氧化和氨基、羧基的脱水缩合也会导致茶叶鲜味的下降。一些多酚类化合物因发生氧化、聚合反应而逐渐减少，致使茶叶的收敛性减弱，滋味变淡而出现陈味，同时干茶色泽由鲜变枯，汤色、叶底也由亮变暗。因此，无论从品赏角度，还是营养角度，大多数的茶叶还是求新不求陈。

一些茶叶刚制成时带有"青草气"，经适当贮藏后，"青草气"消失，变得鲜爽怡人。比如西湖龙井茶，经 1~2 个月的石灰缸贮藏，"青草气"就会消失，香高馥郁。这是茶叶的后熟作用所致，与陈茶不是一个概念。

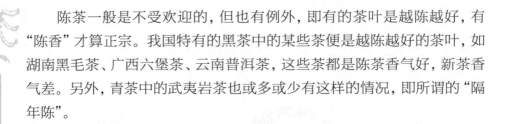

陈茶一般是不受欢迎的，但也有例外，即有的茶叶是越陈越好，有"陈香"才算正宗。我国特有的黑茶中的某些茶便是越陈越好的茶叶，如湖南黑毛茶、广西六堡茶、云南普洱茶，这些茶都是陈茶香气好，新茶香气差。另外，青茶中的武夷岩茶也或多或少有这样的情况，即所谓的"隔年陈"。

怎样鉴别新茶与陈茶？

首先，我们可以根据茶叶的色泽分辨新茶与陈茶。绿茶新茶色泽青翠碧绿，汤色黄绿明亮；红茶新茶色泽乌润，汤色红橙泛亮。茶在贮藏过程中，构成茶叶色泽的一些物质，会在光、气、热的作用下，缓慢分解或氧化。绿茶中的叶绿素分解、氧化后，会使绿茶的色泽变得枯灰无光；茶褐素的增加，则会使绿茶汤色变得黄褐不清，失去原有的新鲜色泽。红茶贮存时间长，茶叶中的茶多酚经氧化、缩合，会使红茶的色泽变得灰暗；而茶褐素的增多，也会使汤色变得浑浊不清，同样会失去红茶新茶的鲜活感。

其次，我们可从香气上分辨新茶与陈茶。科学分析表明，构成茶叶香气的成分有300多种，主要是醇类、酯类、醛类等物质。这些物质在茶叶贮藏的过程中，既能不断挥发，又会缓慢氧化。因此，随着时间的延长，茶叶的香气就会由浓变淡，香型也会由新茶时的清香馥郁而变得低闷浑浊。

最后，我们可以通过品滋味去分辨。在贮藏的过程中，茶叶中的酚类化合物、氨基酸、维生素等构成滋味的物质，有的分解挥发，有的缩合成不溶于水的物质，从而使茶汤的滋味变得寡淡。因此，不管何种茶类，新茶的滋味醇厚鲜爽，而陈茶则显得淡而不爽。

新茶、陈茶对比图

新茶　　　　　　　　　陈茶

春茶、夏茶和秋茶

我们可以从干茶的色、香、形三个方面，鉴别春茶、夏茶和秋茶。

绿茶色泽绿润，红茶色泽乌润，茶叶肥壮重实，或有较多白毫，条索紧结，珠茶颗粒圆紧，香气馥郁，这样的茶通常为春茶；绿茶色泽灰暗，红茶色泽红润，茶叶轻飘松宽，嫩梗宽长，条索松散，珠茶颗粒松泡，香气稍带粗老，这样的茶通常为夏茶；绿茶色泽黄绿，红茶色泽暗红，茶叶大小不一，叶张轻薄瘦小，香气较为平和，这样的茶通常为秋茶。

购茶时，我们还可根据偶尔夹杂在茶叶中的茶花、茶果来判断是何季茶。如果发现茶叶中夹有茶树幼果，大小近似绿豆，那么，我们可以判断此茶为春茶；若幼果接近豌豆大小，那么，我们可以判断此茶为夏茶；若茶果直径已超过 0.6 厘米，我们就可以判断此茶为秋茶。不过，秋茶的鲜茶果直径已达到 1 厘米左右，一般很少会有夹杂。7 月下旬至 8 月为茶花蕾期，而 9—11 月为茶树的开花期，所以发现茶叶中杂有干茶树花蕾或干茶树花朵者，一般为秋茶。当然，茶叶在加工过程中，通过筛分、拣剔，很少会有花、果夹杂的情况。想要判断季节茶，我们必须进行综合分析，避免片面性。

此外，可对茶叶进行开汤审评：凡茶叶冲泡后下沉快，香气浓烈持久，滋味醇，绿茶汤色绿中显黄，红茶汤色艳现金圈，茶叶叶底柔软厚实，正常芽叶多者，为春茶；凡茶叶冲泡后，下沉较慢，香气稍低，绿茶滋味欠厚稍涩，汤色青绿，叶底中夹杂铜绿色芽叶，红茶滋味较强欠爽，汤色红暗，叶底较红亮，茶叶叶底薄而较硬，对夹叶较多者，为夏茶；凡茶叶冲泡后香气不高，滋味平淡，叶底夹有铜绿色芽叶，叶张大小不一，对夹叶多者，为秋茶。

采摘不同成熟度的茶叶

花茶与拌花茶

花茶既有茶叶的爽口浓醇之味，又有鲜花的清雅纯净之气，所以自古以来就有"茶引花香，以益茶味"之说。饮花茶，使人有一种得兼二美、沁润心脾的愉悦感受。与花茶相应的，是拌花茶，即在未经窨（xūn）花和提花的低级茶叶中，拌上一些干花，充作花茶。严格来说，只有窨花茶才能称作花茶，拌花茶则是一种非正宗的花茶。

怎样鉴别花茶与拌花茶？

香气是评定花茶质量的重要因素之一。审评花茶香气时，多用温嗅，需重复 2~3 次。花茶经冲泡后，为使香气得到透发，需加盖用力抖动一下。花茶香气达到"浓、鲜、清、纯"者，即属上品。茉莉花茶的香气清鲜芬芳，珠兰花茶的香气浓纯清雅，玳玳花茶的香气浓厚净爽，玉兰花茶的香气浓烈甘美等，这些都是上等花茶的香气特征。倘若我们在饮用花茶后有郁闷浑浊之感，这种花茶自然称不上上等了。一般说来，上等窨花花茶，头泡香气扑鼻，二泡香气纯正，三泡仍留余香。所有这些，我们都无法在拌花茶中领略到。我们最多在头泡时能闻到拌花茶的一些低沉的香气，或是根本闻不到香气。

购买花茶时，我们经常会遇到如何识别拌花茶的问题。关于这个问题，我们在这里做一下说明：

首先，拌花茶不是传统意义上的花茶。窨制花茶的原料，一是茶坯，二是香花。花茶窨制就是利用茶叶吸香和鲜花吐香两个特性，一吸一吐，使二者合一，这就是窨制花茶的基本原理。花茶经窨花后，要进行提花，也就是通过筛分，剔除已经失去花香的干花。高级花茶更得如此，仅少数香花的片、末偶尔残留于花茶之中。一些低级别的花茶为了增色，人为夹杂少量干花，不能提升花茶的香气。

其次，识别拌花茶，通常用感官审评的办法。审评时，我们只要用双手捧一把茶，用力吸一下茶叶的气味，凡有浓郁花香的茶，均为花茶；茶叶中虽有干花，但只有茶味，没有花香的茶就是拌花茶。倘若我们用开水冲泡茶叶，只要一闻一饮，判断有无花香存在，就能轻易做出判断。也有少数作假的花茶，茶叶表面被喷上了些许香精，再加入一些干花，这就增加了识别的难度。不过，这种花茶的香气只能维持 1~2 个月。即使在香气的有效期内，有饮花茶习惯的人也可凭对香气的感觉将其区别出来。用天然鲜花窨制的花茶，饮后不会有闷浊之感。

茶叶窨花

苦 丁 茶

　　苦丁茶较普通茶叶而言，叶片要大 1.5~2 倍，呈椭圆形。苦丁茶的叶片厚，有革质，无茸毛。鲜叶光泽性强，呈墨绿色。嫩芽叶制成的茶，外形粗壮，卷曲，无茸毛。我们可以通过冲泡来辨明真伪：苦丁茶入口后，滋味先是苦的，是我们可以接受的苦味，然后有轻微甘味，无涩、辣、臭、酸及其他异味，耐冲泡。我们可用 1 克嫩叶做的苦丁茶去冲泡 150 毫升的沸水，茶味浓郁，在冲泡 8~10 次后滋味依旧强烈，是普通茶叶所难以媲美的。

卷 中

四 之 器

伊公羹，陆氏茶。

原文

风炉 灰承　筥①　炭挝②　火筴③　镀④

交床　夹　纸囊　碾拂末　罗合

则　水方　漉水囊　瓢　竹筴

鹾簋⑤揭　熟盂　碗　畚　札

涤方　滓方　巾　具列　都篮⑥

注 释

①筥（jǔ）：盛物的圆形竹器。

②炭挝（zhuā）：六棱形铁棒，用来把炭敲碎。

③火筴：夹炭用的金属筷。

④镀（fù）：同"釜"，古代的一种大口锅。古音同"辅"，古今音有差异。

⑤鹾（cuó）簋（guǐ）：盛盐的器皿。

⑥都篮：都篮用于收纳以上茶器。其中，灰承附属于风炉，拂末附属于碾，揭附属于鹾簋。"九之略"一章，陆羽有"二十四器"的说法。而此章中，陆羽列有二十五器。若根据《茶经》后文"以则置合中"，将罗合与则计为一器，则总共"二十四器"；若罗合与则分别计数，都篮作为"二十四器"总揽物什不计数，也合"二十四器"之说。

译 文

风炉 灰承　筥　炭挝　火筴　镀

交床　夹　纸囊　碾拂末　罗合

则　水方　漉水囊　瓢　竹筴

鹾簋揭　熟盂　碗　畚　札

涤方　滓方　巾　具列　都篮

茶经 · 卷中

解 读

陆羽在本章列了一个煮茶器具的清单，并将其统称为"器"。吴觉农在《茶经评述》中将煮茶器具细分为 28 种，将合并使用的工具拆分开来。在古代，器、具有别，《逸周书·宝典解》上说，"物周为器"，就是说只有设计完备、细节周到的才能叫"器"。器往往与道德修养、政治见识联系在一起。

上述所列茶器呈现了唐朝煮茶、饮茶的习俗与方法，看似平常，却兼顾了实用性和艺术性。凡是与茶叶直接接触的器皿，如碾、镀、水方、瓢、鹾簋、熟盂、碗等，所用材质都是有讲究的，以不损害茶质为准则。其中，茶碗还承担着与茶汤颜色相得益彰的使命，所以在选材上釉方面，还有值得注意的地方。造型上，所有器具以简朴雅致为佳。

工欲善其事，必先利其器。器的作用是使人更好地品赏茶的色香味，它们各司其职，共同泡出一盏好茶。

风炉 灰承

风炉，以铜、铁铸之，如古鼎①形。厚三分，缘阔九分，令六分虚中，致其朽墁②。凡三足，古文③书二十一字：一足云"坎上巽下离于中④"，一足云"体均五行去百疾⑤"，一足云"圣唐灭胡明年铸"。其三足之间，设三窗，底一窗以为通飙⑥漏烬之所。上并古文书六字：一窗之上书"伊公⑦"二字，一窗之上书"羹陆"二字，一窗之上书"氏茶"二字，所谓"伊公羹、陆氏茶"也。置墆㙦⑧于其内，设三格：其一格有翟⑨焉，翟者，火禽也，画一卦曰离；其一格有彪⑩焉，彪者，风兽也，画一卦曰巽；其一格有鱼焉，鱼者，水虫也，画一卦曰坎。巽主风，离主火，坎主水，风能兴火，火能熟水，故备其三卦焉。其饰，以连葩⑪、垂蔓⑫、曲水⑬、方文⑭之类。其炉，或锻铁为之，或运泥为之。其灰承，作三足铁柈⑮抬之。

注 释

①鼎：最早用于烹煮、盛放食物，三足两耳，盛行于商周时期，后用于祭祀、仪典。

②朽（wū）墁（màn）：往风炉内壁涂泥。朽，把新建泥墙凹凸不平的表面铲平。墁，涂饰墙壁。

③古文：上古的文字。泛指秦朝以前留传下来的甲骨文、金文、籀文和战国时期通行于六国的文字。

④坎上巽（xùn）下离于中：坎、巽、离均为《周易》卦名。坎指水，巽指风，离指火。

⑤体均五行去百疾：五行均衡，能祛除各种疾病。五行，即金、木、水、火、土五大元素。古人认为五行与宇宙万物的起源、变化有关。

⑥飙（biāo）：本义为暴风，这里指风。

⑦伊公：商汤时的大臣伊尹的尊称。伊公名挚，因担任尹（丞相）而被称为伊尹。伊公曾以烹调之理喻治国之道，以此向商汤进谏。

⑧墆（dì）㙦（niè）：炉膛内架锅用的算子。

⑨翟（dí）：古书上指长尾的野鸡。

⑩彪：小老虎。我国古代认为虎为风兽。

⑪连葩：连缀环绕的花朵。

⑫垂蔓：垂挂的枝蔓。

⑬曲水：曲折的水波纹。

⑭方文：方块或几何花纹。

⑮柈（pán）：同"盘"，指盘子。

 译 文

风炉 灰承

风炉由铜或铁铸造而成，与古时鼎的形状很相似。炉壁有三分厚，炉口边缘宽九分，向炉腔内空出六分，内壁涂抹泥土。风炉的下面有三只足，足上铸有二十一个字：一足上写着"坎上巽下离于中"，一足上写着"体均五行去百疾"，一足上写"圣唐灭胡明年铸"。三只足间共开有三个窗口，底部另开一个洞口用来通风漏灰。三个窗口的上方写有六个古文字：一个窗口上写着"伊公"二字，一个窗口上写着"羹陆"二字，一个窗口上写着"氏茶"二字，这六个字的意思就是"伊公羹、陆氏茶"。炉腔内设有用来支撑锅子的算子，分三格：一格上画有一只表示火禽的野鸡图形，画一离卦；一格上画有一只表示风兽的小老虎，画一巽卦；一格上画有一条鱼的图形，鱼是水虫，其上画一坎卦。"巽"代表风，"离"代表火，"坎"代表水。风能使火烧得旺盛，火能把水煮开，所以要用到这三卦。炉身用花卉、枝蔓、流水、方形花纹等图案来装饰。风炉有用铁锻造的，也有用泥土烧制的。灰承是有三只脚的铁盘，是用来承接炉灰的器具。

解 读

陆羽风炉是茶器中的重器，为鼎形：三足两耳，用铜铁铸造。炉内有三分厚的泥壁，用以保持炉内的温度。炉中安装炉床，置放炭火。炉身开洞通风。上放煮茶的锅，下放灰承。风炉制作精良，炉身刻着"伊公羹、陆氏茶"这六个字，意为任重行道，有补于世。

炉脚铸有"坎上巽下离于中""体均五行去百疾""圣唐灭胡明年铸"这二十一个字，分别说明了风炉的工作原理、茶的养生功效，以及风炉的制作时间。《周

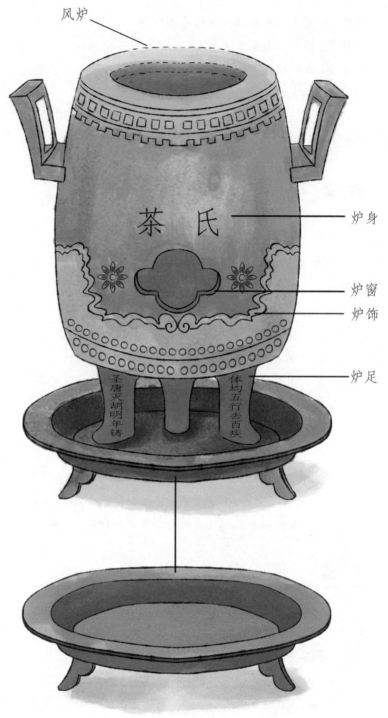

风炉

炉身

炉窗

炉饰

炉足

茶 氏

圣唐灭胡明年铸

体均五行去百疾

灰承

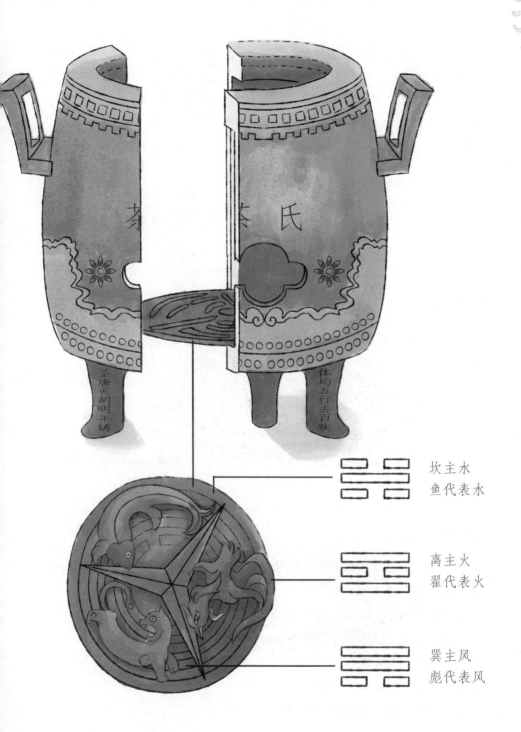

圣唐灭胡明年铸

体均五行去百疾

茶

氏

坎主水
鱼代表水

离主火
翟代表火

巽主风
彪代表风

《易》卦象中,坎主水,巽主风,离主火。在这里,分别指炉上煮茶水,风从炉洞入,炉中烧炭火。

从材料、形制、铭文、装饰等不同角度来看,陆羽风炉都无愧于"器"的名号。除了使用价值,它还具有浓厚的象征意义。鼎状金属风炉在明朝时仍有使用,但从宋朝开始,已逐渐被更简便、低廉的石制风炉、竹炉等替代。

原 文

筥

筥,以竹织之,高一尺二寸,径阔七寸。或用藤,作木楦①如筥形织之,六出圆眼②。其底盖若利箧③口,铄④之。

炭挝

炭挝,以铁六棱制之。长一尺,锐上丰中⑤,执细。头系一小𨰿⑥以饰挝也,若今之河陇⑦军人木吾⑧也。或作锤,或作斧,随其便也。

火筴

火筴,一名箸⑨,若常用者,圆直一尺三寸。顶平截,无葱台⑩、勾锁之属。以铁或熟铜制之。

注 释

①楦(xuàn):原指填充物体中空部分的模架。这里指制作筥之前先做好的筥形的木制模架。

②六出圆眼:竹条编织的六角形洞眼。

③利箧(qiè):长方形竹箱。

④铄(shuò):本义为熔化,这里指磨削得平整、光滑。

⑤锐上丰中:上头细,中间粗。

⑥𨰿(zhǎn):炭挝上的灯盘形饰物。

⑦河陇：地名，古代指河西与陇右，相当于今甘肃省西部地区，大致包括今敦煌、嘉峪关、武威、金昌、张掖、酒泉等地。

⑧木吾：古代夹车用的木棒。吾，假借为"御"，防御，抵御。

⑨箸（zhù）：筷子。

⑩葱台：葱薹。

筥

筥，用竹子编制而成，高一尺二寸，直径七寸。有的用藤编，先做个类似于筥形的木制模架，然后再用藤条编织在木箱外面，编出六角形的洞眼。筥的底和盖就像竹箱的口，要削得光滑平整。

炭挝

炭挝，用六棱形的铁棍制成。长一尺，头部尖，中间粗，用来握的地方细。手握的那一头，套有一个灯盘形的饰物，和现在河西、陇右地区的军人拿的木棒相似。铁棒有的做成锤形，有的呈斧形，各随其便。

火筴

火筴，又名箸，就是我们平常烧火时用的金属筷，呈圆直形，长一尺三寸。顶端平滑整齐，没有葱薹、勾锁一类的装饰，用铁或熟铜制成。

解 读

筥是装木炭用的，炭挝是把炭敲碎的工具，火筴就是夹炭用的筷子。三者与风炉一样，都是生火的器具。其中，筥的编织较为精细。"六出圆眼"即编出六角形的圆眼，可见这是一件细活。炭挝、火筴原本都是粗陋的火具，运用在茶事上，则需要做的比平时的小巧些，因而多了几分美感。一如《红楼梦》小说中黛玉葬花用的花锄，虽也作掘土之用，却毕竟与别个不同。

生火器

笕

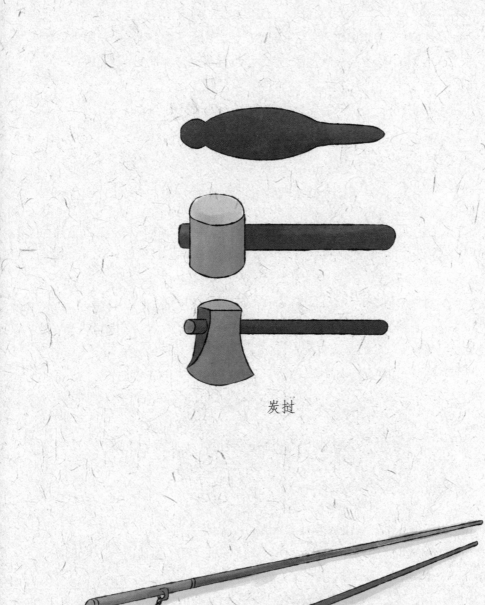

炭挝

火筴

然而，火筴没有纹样装饰，保留了原始风貌。由此可见，陆羽的审美张弛有度，并非一味求精，也不是一味地依拙就陋，而是根据具体情况，调整得宜。所谓"度""中道"，说的就是这样的把控力。

运用之妙，存乎一心。茶道正彰显在这些日常的细节中。

原 文

镇 音辅，或作釜，或作鬴

镇，以生铁为之。今人有业冶者，所谓急铁[1]，其铁以耕刀之趄[2]炼而铸之。内模土而外模沙。土滑于内，易其摩涤；沙涩于外，吸其炎焰。方其耳，以正令也[3]。广其缘，以务远也[4]。长其脐，以守中也[5]。脐长，则沸中[6]；沸中，则末[7]易扬；末易扬，则其味淳也。洪州[8]以瓷为之，莱州[9]以石为之。瓷与石皆雅器也，性非坚实，难可持久。用银为之，至洁，但涉于侈丽。雅则雅矣，洁亦洁矣，若用之恒，而卒归于银也。

交床[10]

交床，以十字交之，剜[11]中令虚，以支镇也。

注 释

①急铁：指利用废旧铁器再次冶炼而成的铁制品。

②耕刀之趄（jū）：损坏了不能再使用的犁头。耕刀，犁头。趄，本义为行走困难，这里指坏了的、破损的。

③以正令也：让它变得端正。出自《论语》"其身正，不令而行"。

④广其缘，以务远也：锅沿宽，则火力覆盖面大。

⑤长其脐，以守中也：锅的脐部突出，则火力更集中。

⑥沸中：在锅的中心位置沸腾。

⑦末：这里指茶末。

⑧洪州：古代地名，治所在今江西南昌。

⑨莱州：隋朝开皇五年（585年）以光州改置，治所在今山东莱州。大业初

茶经 ◎ 卷中

改为东莱郡。唐朝武德四年（621 年）复为莱州，天宝初又改为东莱郡。唐朝乾元初年（758 年）复为莱州。

⑩交床：胡床的别称，一种坐具，轻便，可折叠。此处借指用于放镀的架子。

⑪剜（wān）：挖。

译 文

镀 读音为"辅"，也写作"釜""鬴"

镀用生铁锻造而成。"生铁"即时下从事冶炼的人所说的"急铁"，是用坏了的犁头一类的农具冶炼铸造而成的。铸镀的时候，模具内要抹上泥，模具外要涂上沙。内壁在抹上泥后，会变得很光滑，容易磨洗；外壁在抹上沙后，会变得粗糙，有利于吸热。镀耳制成方形，是为了让其显得方正。镀沿要制成宽的，火力能充分覆盖。镀脐要突出，使火力更集中。如果脐部突出，水就会在镀的中心沸腾；水在镀的中心沸腾，茶沫就容易上泛；茶沫上泛，茶的味道就会醇美。洪州做镀用瓷，莱州做镀用石，瓷镀和石镀都是精致高雅的器具，但不坚固，并不耐用。用银做镀，虽然很清洁，但是显得过于奢侈。虽然这些镀雅致、清洁，但若想长期使用，还是银制的比较好。

交床

交床，就是腿呈十字交叉状的木凳，中间挖空，用来放置镀。

解 读

镀就是大口锅，有方形的耳、宽沿、长脐，是由陆羽精心设计的，与上文所讲的风炉及下文的交床配套使用。

陆羽将镀耳设计成方形，是对器皿整体风格的考量，使之看上去端正大气。宽沿的好处，一是摆放时较为稳当，二是与方耳的风格统一。长脐是指镀底弧度大，类似于球釜，受热效果好。镀没有盖子，便于观察水与茶汤的情况，但对聚热和聚香都不利，而且不太卫生。

别看镀有着商周青铜器一般的气质，容量却比较小，是重器雅作。材质方

镇的摆放

镇

交床

面，陆羽认为铁质就好，一则耐用，二则花费不过度。相比之下，瓷与石失于质地不坚，银则过于侈费了。然而，镇在宋朝已经不流行，取而代之的是"铫"，也称为"瓶"，是一种带柄、嘴的煮器，金、银、铜、瓷、石材质的都有。

陆羽倘若生在我们这个时代，想必也是一位别具一格的设计师。

原文

夹

夹，以小青竹为之，长一尺二寸。令一寸有节，节已上剖之，以炙茶①也。彼竹之筱②，津润于火，假其香洁以益茶味③，恐非林谷间莫之致。或用精铁、熟铜之类，取其久也。

纸囊

纸囊，以剡藤纸④白厚者夹缝之，以贮所炙茶，使不泄其香也。

注释

①炙茶：烤制茶饼。

②筱（xiǎo）：小竹，细竹。

③津润于火，假其香洁以益茶味：小青竹在火上烤时，表面会渗出竹液，挥发香气，可提升茶的香气和滋味。

④剡（shàn）藤纸：因产于剡县而得名。剡藤纸以薄、轻、韧、细、白著称，莹润光泽，不凝笔。

译文

夹

夹，用小青竹制成，长一尺二寸。竹节以下留一寸，节以上部分剖开，主要用来夹着茶饼然后在火上烤。小青竹在火上烤时，表面会渗出清香汁液，挥发香气，可提升茶的香气和滋味。若不在山林间煮茶，就很难遇到这种青竹。夹也有用铁或熟铜制成的，经久耐用。

纸囊

纸囊，是用两层洁白厚实的剡藤纸做成的纸袋，主要用来存放已经烤好的茶叶，以使香气不易散失。

解 读

"夹"和"纸囊"都是炙茶工具。唐朝时，茶饼在烹煮之前要微微烤火，一是为了提香，二是便于接下来的碾茶。茶烤至一定的干脆度，碾起来就更顺当些。

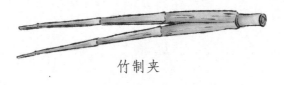

竹 制 夹

铁 制 夹

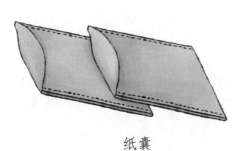

纸 囊

用小青竹制作茶夹，是陆羽的巧思。茶夹夹住茶饼放在火上，多少也会经火。鲜嫩的小青竹受火，散发出清幽的香气，便被茶叶吸附。如此一来，茶香之上更有一层小青竹的鲜灵之气，这样的茶品饮起来别有一番风味。然而，陆羽说，并非所有地方的小青竹都有这样的效果，长在林谷间的才好。为什么呢？因为要"气味相投"。林谷间的小青竹取自天然，与屋前院后的普通竹子散发的气息是不大一样的。如果没有这等好材料，那索性用精铁、熟铜制作，毕竟金属制品更耐用些。

烤好的茶饼香气四溢，这时要立马装进剡藤纸制成的囊袋中，以便更好地锁住茶香。

原 文

碾 拂末①

碾，以橘木为之，次以梨、桑、桐、柘②为之。内圆而外方。内圆，备于运行也；外方，制其倾危也。内容堕③而外无余木。堕，形如车轮，不辐而轴焉④。长九寸，阔一寸七分。堕径三寸八分，中厚一寸，边厚半寸，轴中方而执圆。其拂末，以鸟羽制之。

罗合⑤

罗末，以合盖贮之，以则⑥置合中。用巨竹剖而屈之，以纱绢⑦衣⑧之。其合，以竹节为之，或屈杉以漆之。高三寸，盖一寸，底二寸，口径四寸。

则

则，以海贝蛎蛤⑨之属，或以铜、铁、竹匕⑩策⑪之类。则者，量也，准也，度也。凡煮水一升，用末方寸匕⑫。若好薄者减之，嗜浓者增之，故云则也。

注 释

①拂末：扫茶末的用具，用鸟羽制成。

②柘（zhè）：木名，落叶灌木或小乔木。木质坚韧，可制弓。

③堕：碾轮，一般为木质。

④不辐而轴焉：没有连接轮子和轮毂的辐条，而有车轴。

⑤罗合：碾碎的茶末用罗合筛取、储存。罗，罗筛。合，即盒，盒子。

⑥则：茶则。古代取茶的量具。

⑦纱绢：挺括细薄的丝织品的通称。

⑧衣：本义为"穿"，此处引申为"覆盖"。

⑨蛎（lì）蛤（gé）：牡蛎的别名。

⑩匕：古时一种取食器具，形状像汤勺。

⑪策：古代用于计算的竹片。

⑫方寸匕：古代量取药末的器具，形状如刀匕，大小为古代的一寸见方，故名。一方寸匕约等于2.74毫升，盛金石药末约为2克，草木药末为1克左右。

译 文

碾 拂末

碾用橘木做的为最好，其次是梨木、桑木、桐木、柘木做成的。碾槽一般内圆外方。内圆便于运转，外方则不会倾倒。槽内只能放一个碾轮，没有多余的空隙。木制的碾轮形状像车轮，没有连接轮子和轮毂的辐条，而有车轴。轴长九寸，宽一寸七分，木碾轮的直径为三寸八分，中间有一寸厚，边缘有半寸厚。轴中间是方形的，手握的地方是圆柱形的。扫茶末用的拂末是用鸟的羽毛做成的。

用罗筛筛出的茶末放在罗合中盖好存放。则作为量器，也被存放在罗合中。罗是将大竹剖开弯成圆圈状，底部蒙上纱或绢制成的。合用竹节制成，或用杉树片压弯成圆形，涂上漆制成。盒高三寸，盖一寸，底高二寸，直径四寸。

则用海中牡蛎之类的贝壳或铜、铁、竹做成的匕、策之类充当。则是一种度量用具。通常来说，烧一升的水，要用一方寸匕的茶末。若喜饮淡茶，就减少一点茶末；若喜饮浓茶，就增加一点茶末，因此称作"则"。

茶经 · 四之器

79

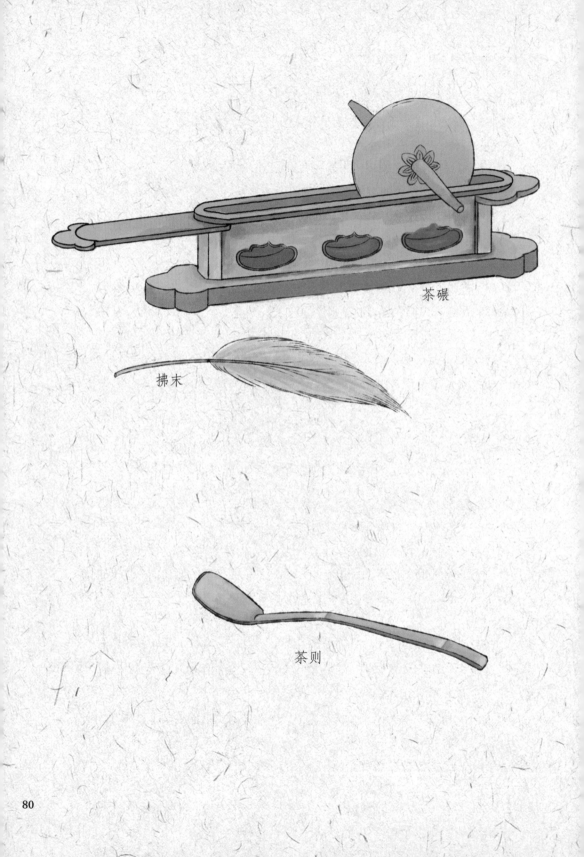

茶碾

拂末

茶则

碾末器

罗合

陆羽设计的茶碾是木制品，用的是没有特殊香味的普通木材。之所以不用金属，是因为当时的烹煮用茶是"末茶"，细碎匀齐，微小而具有一定体积，约米粒大小，与细腻如粉的日本"抹茶"是不同的。要达到"末茶"的大小标准，木质茶碾就能做到。使用金属茶碾，可能导致研磨得过于细腻，茶便不合用了。

碾过的茶要过罗筛。筛的网格不是越密越好，但网线要细，这样合用的茶末就可以顺利通过，粗大的茶片便会留在筛面上。茶则是用来取茶的，也很小巧，材质不拘。它有度量的作用，比如每次用 1 茶则的量，或是 2 茶则的量，但无法精确测量。茶则的容积没有统一的标准。

原 文

水方①

水方，以椆木②、槐、楸③、梓④等合之，其里并外缝漆之，受一斗。

漉水囊⑤

漉水囊，若常用者。其格，以生铜铸之，以备水湿，无有苔秽⑥腥涩⑦意。以熟铜苔秽，铁腥涩也。林栖谷隐者⑧，或用之竹木。木与竹非持久涉远之具，故用之生铜。其囊，织青竹以卷之，裁碧缣⑨以缝之，纽翠钿⑩以缀之，又作绿油囊⑪以贮之。圆径五寸，柄一寸五分。

注 释

①水方：盛水的盆。

②椆（chóu）木：常绿乔木，木质坚硬而有韧性。

③楸（qiū）：落叶乔木，干高叶大，木材质地致密，耐湿，可造船，亦可做器具。

④梓：落叶乔木，木料可供建筑、器物之用。

⑤漉（lù）水囊：滤水袋。最初为佛门中用的滤水工具，防止水中有小虫，意在护生。

⑥苔秽：铜绿。

⑦腥涩：铁腥涩，铁氧化后产生的性状。

⑧林栖谷隐者：隐居的人。出自五代王定保《唐摭言·慈恩寺题名游赏赋咏杂记》。

⑨碧缣(jiān)：青绿色的细绢。缣，细绢。

⑩纽翠钿(diàn)：用翠玉制成的首饰或装饰物。

⑪绿油囊：用防水的绿油绢做成的袋子。

 译 文

水方

水方，用楸、槐、楸、梓等木材制作而成，里面和外面的缝都上漆。容水量一斗。

漉水囊

滤水用的工具漉水囊，跟平常用的一样。它的框架用生铜铸造。生铜遇水后不会产生铜绿，也没有铁腥味。如用熟铜制成，则易生铜绿。如用铁制成，易产生铁腥味。隐居山林的人，也会用竹子或木头制作漉水囊的框架。竹木制品一般都不耐用，也不便携带远行，所以常会选择用生铜制做。过滤水用的袋子，用青篾丝编织而成，弯曲成袋子形状后，再裁剪碧绿色的绢来缝制，还可缀上翠玉作为装饰，仍需再做一个绿色的油布口袋用来装整个漉水囊。漉水囊直径五寸，柄长一寸五分。

解 读

水方是方形盛水器，木质，容积 1 斗，约合 2000 毫升，无盖。

漉水囊起过滤作用，除了滤除生水中的杂质，更重要的是滤出小虫，意在护生。这个物件最早为禅门所用，陆羽在寺院中长大，对此应是熟悉的。绿油囊也是禅门物件，用来储水，在这里用于收纳漉水囊。

茶经 ◎ 四之器

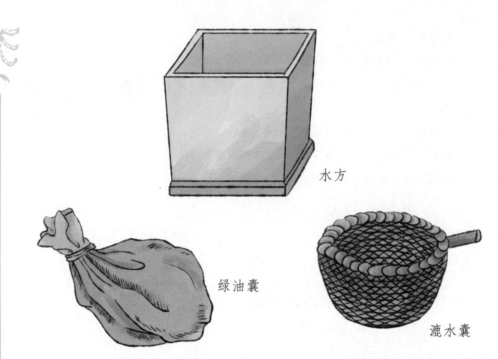

水方

绿油囊

漉水囊

瓢

瓢，一曰牺杓①。剖瓠②为之，或刊木为之。晋舍人杜育《荈赋》③
云："酌之以匏④。"匏，瓢也。口阔，胫薄，柄短。永嘉中，余姚⑤人虞洪
入瀑布山采茗，遇一道士，云："吾，丹丘子⑥，祈子他日瓯牺⑦之余，乞相
遗也。"牺，木杓也。今常用以梨木为之。

竹筴⑧

竹筴，或以桃、柳、蒲葵木为之，或以柿心木为之。长一尺，银裹
两头。

鹾簋⑨ 揭⑩

鹾簋，以瓷为之，圆径四寸，若合形。或瓶或罍⑪，贮盐花⑫也。其揭，竹制，长四寸一分，阔九分。揭，策⑬也。

注　释

①牺杓（sháo）：杓即勺。唐朝取茶水或分茶水用的瓢，用葫芦剖开制成，也有用梨木制作的。

②瓠（hù）：瓠瓜。一年生草本植物，茎蔓生。果实即葫芦，长圆形，嫩时可食。

③杜育《荈赋》：我国最早的茶诗赋作品。第一次完整地记载了茶叶种植、生长环境、采摘时节的劳动场景、烹茶、选水、茶具的选择和饮茶的效用等内容。原文已佚。杜育，字方叔，西晋大臣、茶学家。杜育少时聪颖，时誉神童，及长，美风姿，有才藻，又号"杜圣"，曾任中书舍人、国子祭酒。

④匏（páo）：葫芦的一种，俗称瓢葫芦，最广泛的用途就是将其从中间剖成两半做水瓢。

⑤余姚：今浙江余姚。

⑥丹丘子：指丹丘仙人。丹丘，神话中的神仙居所，昼夜长明。

⑦瓯（ōu）牺：用来喝茶的杯、勺之类。

⑧竹筴（jiā）：唐朝煎茶时用于环击汤心的击沸茶器。

⑨鹾（cuó）簋（guǐ）：古代煮茶时放盐的器皿。鹾，盐。簋，古代指盛物的圆形器皿。

⑩揭：用竹片做的取盐用具。

⑪罍（léi）：古代盛酒的容器。

⑫盐花：盐霜，细盐粒。

⑬策：取盐用的长竹片。

译　文

瓢

瓢，又称为牺杓。用匏瓜剖开制作而成，也可以用树木挖成。西晋的中书

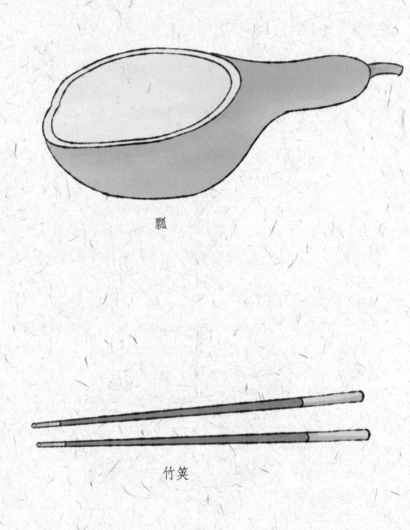

瓢

竹筷

煮茶器

揭

鹾簋

舍人杜育在《荈赋》中说："用匏舀取。"匏，即瓢。匏口宽，身较薄，柄很短。西晋永嘉年间，余姚人虞洪到瀑布山采茶时，碰到一位道士，道士对他说："我叫丹丘子，希望你以后把杯中剩茶送我一点儿喝。"所谓"牺"，就是木勺。现在多用梨木制成。

竹筴

竹筴，用桃木、柳木、蒲葵木做成，也有用柿心木做的，一尺长，用银裹住两头。

鹾簋 揭

鹾簋，用瓷制成，直径四寸，形状像圆形的盒子，也有作为瓶形或罍形，用来放盐。揭，用竹制成，长四寸一分，宽九分，用来取盐。

解 读

瓢是舀水器，有直接剖葫芦做的，也有挖木头制成的。葫芦质地轻，密封性好，防潮保温，因此道人们多用来盛放丹药。葫芦的性能这么优越，制瓢盛水自然也不在话下。

竹筴是用来止沸的搅拌棒，两头用银包裹，有装饰效果，也有检验水质的作用。特别是在野外煮茶，古人认为银头竹筴能派上大用场。鹾簋是装盐的瓷罐，揭是取盐的竹片。唐朝时煮茶是放盐的，这种饮茶方式至今在我国部分地区仍可见到。

原 文

熟盂①

熟盂，以贮熟水。或瓷或砂，受二升。

碗

碗，越州②上，鼎州③次，婺州④次，岳州⑤次，寿州⑥、洪州次。或者以邢州⑦处越州上，殊为不然。若邢瓷类银，越瓷类玉，邢不如越一也；若邢瓷类雪，则越瓷类冰，邢不如越二也；邢瓷白而茶色丹，越瓷青而茶色绿，邢不如越三也。晋杜育《荈赋》所谓："器择陶拣，出自东瓯⑧。"瓯，越也。瓯，越州上。口唇不卷，底卷而浅，受半升已下。越州瓷、岳瓷皆青，青则益茶，茶作白红之色。邢州瓷白，茶色红；寿州瓷黄，茶色紫；洪州瓷褐，茶色黑。悉不宜茶。

注 释

①熟盂(yú)：存放开水的容器。瓷制或陶制。

②越州：治所在会稽县，在今浙江绍兴。越州在唐朝、五代、宋元时期以产秘色瓷著名，瓷体透明，是青瓷中的绝品。这里指越州窑。

③鼎州：唐朝曾有两个鼎州。一为弘农县，在今河南灵宝，二为云阳，在今陕西泾阳县云阳镇。这里指鼎州窑。

④婺(wù)州：治所在吴宁县，即今浙江金华一带。这里指婺州窑。

⑤岳州：治所在巴陵县，即今湖南岳阳一带。这里指岳州窑。

⑥寿州：治所在寿春县，即今安徽寿县一带。这里指寿州窑。

⑦邢州：治所在龙冈县，即今河北邢台一带。这里指邢州窑。

⑧东瓯：古部落名，是汉族先民百越众支系的其中一支，活动于今浙江南部一带，也称瓯越。

译 文

熟盂

熟盂用来盛放开水。有瓷制，也有陶制，容积为两升。

碗

碗，质量最好的出自越州窑，较差些的出自鼎州窑、婺州窑、岳州窑，寿州

韦鸿胪—茶焙笼

木待制—茶臼

金法曹—茶碾

石转运—茶磨

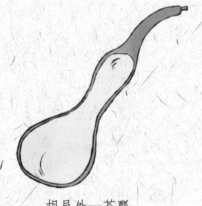

胡员外—茶瓢

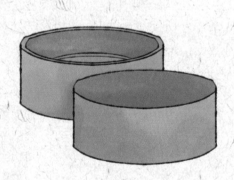

罗枢密—茶罗

宋朝点茶十二器

宗从事—茶帚

漆雕秘阁—盏托

陶宝文—茶盏

汤提点—汤瓶

竺副帅—茶筅

司职方—茶巾

窑、洪州窑则更逊一筹。有人认为越州窑产的没有邢州窑的好，事实并非如此。若说邢窑瓷质地类似银，那么越窑瓷质地就类似玉，这是邢窑瓷比不上越窑瓷的第一个方面；若说邢窑瓷像洁白的雪，那么越窑瓷就像透明光滑的冰，此为邢窑瓷比不上越窑瓷的第二个方面；邢窑瓷洁白而使茶汤呈现出红色，越窑瓷青所以会使汤色偏绿，这是邢窑瓷不如越窑瓷的第三个方面。西晋杜育在《荈赋》里说"器择陶拣，出自东瓯"，即选择陶瓷器皿时，要记住质量好的出自东瓯。瓯，指越州。人称"瓯"的小茶盏，以越州出产的为最好。口沿不卷边，底则卷边，很浅，容积小于半升。越州瓷和岳州瓷都呈青色，这样可以美化茶汤颜色，使茶汤呈现清淡之色。邢州瓷白，所以茶汤呈本色；寿州瓷黄，所以茶汤颜色偏紫色；洪州瓷褐，泡出来的茶汤偏黑色。这几种瓷碗都不适合盛茶。

解 读

陆羽对水的重视，不仅表现为对水质的把控，以及取水得不得法，还表现在用水得不得当上。这是陆羽常年煮茶的心得。

茶碗是饮茶器，唐朝时有青瓷、白瓷、黄瓷、褐瓷等。陆羽认为越州产的青瓷为上品，一方面，它的质感如冰如玉；另一方面，它能使茶汤呈现出淡雅的色泽，颇为赏心悦目。这是因为，唐朝时的茶饼受限于工艺，虽只经过蒸青、捣烂，却有不得已的焖黄与发酵，导致茶汤颜色偏红偏深，青瓷恰好有中和汤色的效果，使之偏淡偏青，看上去较为雅致。

如今的制茶工艺有了很大提高，人们可以领略白毫银针的清新，也可领略上等恩施玉露的清透。这类茶汤色较浅，微微透绿，给人以纯净如璧的观感，较接近陆羽的喜好。

熟盂

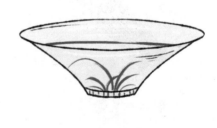

碗

畚^①

畚，以白蒲^②卷而编之，可贮碗十枚。或用筥。其纸帊^③以剡纸夹缝令方，亦十之也。

札

札，缉^④栟榈^⑤皮，以茱萸^⑥木夹而缚之，或截竹束而管之，若巨笔形。

涤方

涤方，以贮涤洗之余。用楸木合之，制如水方，受八升。

滓方

滓方，以集诸滓，制如涤方，处五升。

巾

巾，以绝布^⑦为之，长二尺，作二枚，互用之，以洁诸器。

注　释

①畚（běn）：指用木、竹、铁片制成的撮垃圾、粮食等器具。此处指放碗的器具。

②白蒲：指白色的蒲草，也称莞、符蓠、莞蒲、菖蒲等。

③纸帊（pà）：这里指茶碗的纸套子。

洁器

畚

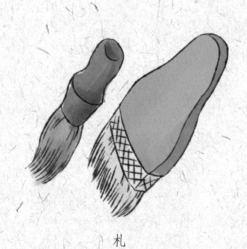

札

涤方

滓方

巾

④缉：一种缝纫方法，一针连着一针密密地缝。这里指将植物皮搓捻成线。

⑤栟（bīng）榈（lú）：木名，即棕榈。

⑥茱萸：灌木或小乔木。果实供药用，香气辛烈。古人在重阳节这天佩茱萸，以求祛邪辟恶。

⑦绝（shī）布：粗厚的丝织品，看上去像粗布。

 译 文

畚

畚，用白蒲草编制而成，可以盛放十只碗。也可以用竹筥作畚。若用纸帊，则将两层剡纸裁成方形，夹缝而成，也可放十只碗。

札

札，把棕榈皮搓捻成线，用茱萸木夹住并捆紧，或截取一段竹子把棕榈线束起来，像大毛笔的形状。

涤方

涤方，用来盛放洗涤后剩余的水。它由楸木制成盒形，制法和水方一样，容积为八升。

滓方

滓方，用来盛放各种茶渣，制作方法和涤方一样，容积为五升。

巾

巾用粗绸制作，两尺长，制作两块，以便交替使用，用来清洁各种茶器。

解 读

畚是装茶碗用的小篓，用蒲草编成，质地柔软，能够防止茶碗发生磕碰。或者用竹筥，作用是一样的。以纸帕间隔茶碗的做法，现在依然适用。

札、涤方、滓方、巾都是洗涤用品。札是洗茶碗用的棕毛刷子，形状像毛笔；涤方、滓方是存放废水和茶渣用的；巾和现今的茶巾类似，通常备两块，用来擦洗、擦干茶器。

这些器具分工细致，用途明确，缺一不可。可见，饮茶需要闲工夫。停不下来、静不下心的，即使好茶佳器齐备，也没有这个雅兴。话说回来，饮茶的时间总是过得很快。

原 文

具列

具列，或作床^①，或作架。或纯木、纯竹而制之，或木或竹，黄黑可扃^②而漆者。长三尺，阔二尺，高六寸。具列者，悉敛诸器物，悉以陈列也。

都篮

都篮，以悉设诸器而名之。以竹篾内作三角方眼，外以双篾阔者经^③之，以单篾纤者缚之，递压双经，作方眼，使玲珑。高一尺五寸，底阔一尺，高二寸，长二尺四寸，阔二尺。

注 释

①床：此处指支架或几案。
②扃（jiōng）：从外面关门的门闩。

③经：织布时用梭穿织的竖纱，编织物的纵线，与"纬"相对。

具列

具列，制成床形或架形，有的为纯木制或纯竹制，也有的木竹兼用，漆成黄黑色，有门可以关。长三尺，宽二尺，高六寸。之所以称之为具列，是因为它可以存放或陈列其他器具。

床式具列

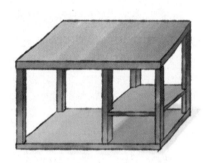

架式具列

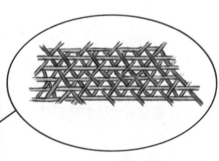

都篮

茶经 ◎ 卷中

都篮

都篮，因能装下所有的器具而得名。它由竹篾编制而成，里面编制成三角形或方形的眼，外部由两道宽篾作为经线，由一道窄篾作为纬线，交错地编压在两道经向的宽篾上，编织成方形的眼，这样会使其看上去小巧精致。都篮高一尺五寸，底宽一尺，高二寸，长二尺四寸，宽二尺。

解 读

"具列"有两种形制，一种是低矮的茶桌样式，作为茶床使用，便于放置茶碗等茶器，席地而坐，就手饮茶；一种是博古架样式，单纯用于陈列。二者都是外敞的，方便取物。

都篮不在人们常说的"茶事二十四器"中，而是第二十五器，起到收纳所有茶器的作用，因此又名"都统笼"。不管是"篮"，还是"笼"，都是竹制品。竹艺中，所用的竹条每细一毫米，工便精一分，难度也大一分。陆羽所说的都篮有特定的样式，想必也是费工的。

一个都篮从选料、剖篾、刮青、编织、上格，到最后定型，工序烦琐。青白透黄的成品，经时光摩挲，有一天会转为温暖的饴糖色。这是茶人们都乐于见到的。

陆氏二十四器（附都篮）

生火器：

风炉（含灰承）	煮茶火炉，三足鼎形
筥	装木炭，竹木为架，外以藤织
炭挝	击碎木炭
火筴	夹火炭的筷子，或铁，或铜

煮水器：

鍑	煮茶煮水，以生铁制成
交床	安置茶鍑，小矮凳状，凳面中空

炙茶器：

夹	炙茶时夹住饼茶，以小青竹制为优
纸囊	包贮烤好的饼茶

碾末器：

碾（含拂末）	碾碎饼茶成末，木质，碾轮不锐
罗合	筛、贮末茶，由罗筛与竹盒嵌成
则	量茶、取茶，类似"匙"

茶经 · 卷中

煮茶器：

　　水方　　　　　　　盛水，方形

　　漉水囊　　　　　　滤水，佛门用器，意在护生，兜形

　　瓢　　　　　　　　舀水舀茶

　　竹箕　　　　　　　二沸时搅水，即竹筷，两头裹银

　　鹾簋（含揭）　　　盐罐，瓷质；揭在鹾簋中，是取盐的小竹片

　　熟盂　　　　　　　暂存二沸水，即瓷罐

饮器：

　　碗　　　　　　　　饮茶，以越州窑青瓷为上

洁器：

　　畚　　　　　　　　装茶碗，白蒲草编成的小包

　　札　　　　　　　　洗刷茶器的棕毛刷，毛笔状，柄或竹或木

　　涤方　　　　　　　洗刷茶器的容器，形制同水方，能套进水方中

　　滓方　　　　　　　暂存茶渣，形制同涤方，能套进涤方中

　　巾　　　　　　　　擦拭茶器的粗布条

收纳器：

　　具列　　　　　　　安置前二十三器，或床或架，可以作为茶道桌

　　都篮　　　　　　　安置前二十四器，即竹编手提箱

唐朝茶碗

　　唐朝时，茶器逐渐从酒食器中分离，形成了一个独立的系统。碗作为当时最流行的茶器，主要有花瓣型、直腹式、弧腹式等样式，多为侈口收颈或敞口腹内收。到了晚唐时期，制瓷工匠创造性地把自然界的花叶瓜果等形象经抽象处理，保留其特征并运用到制瓷业中，从而设计出葵花碗、荷叶碗等精美的茶器。

瓯

瓯是中唐以后出现并迅即风靡市场的越窑茶器新品种，是一种体积较小的茶盏。这种敞口斜腹的茶器，深得晚唐诗人皮日休的喜爱，他在《茶中杂咏·茶瓯》中如此写道："邢客与越人，皆能造兹器。圆似月魂堕，轻如云魄起。枣花势旋眼，蘋沫香沾齿。松下时一看，支公亦如此。"

执 壶

执壶又名注子，是中唐以后才出现的，由鸡头壶发展而来。这种壶多为侈口、高颈、椭圆腹、浅圈足、长流圆嘴，与壶嘴相对的一端还有泥条黏合的把手。壶身一般刻有几何纹样或花卉、动物图案，有的还留有铭文，标明主人或烧造日期。

执壶

瓯

青瓷茶器

在瓷质茶器中，青瓷茶器出现最早。东汉时期，浙江上虞已经开始生产青瓷茶器，龙泉窑继承并发展了青瓷的特色。青瓷茶器以造型古朴挺健、釉色翠青如玉著称，在瓷器王国中一枝独秀。到了南宋时期，质地优良的龙泉青瓷不但在民间广为流传，也成为对外贸易的主要商品。章生一和章生二兄弟二人的"哥窑""弟窑"是青瓷的著名窑口，所产青瓷从釉色到造型，都达到了极高的造诣。因此，哥窑被列为"宋朝五大名窑"之一，弟窑也被誉为"名窑之巨擘"。

青瓷茶器胎薄质坚，造型优美，釉层饱满，有玉质感。明朝中期，青瓷茶器传入欧洲，在法国引起轰动。当时的人们找不到恰当的词汇称呼青瓷茶器，便将它比作名剧《牧羊女亚司泰来》中女主角雪拉同的青袍，而称其为"雪拉同"。全球许多博物馆内都收藏有青瓷茶器。

髹漆茶器

髹漆茶器是以竹木或他物雕制而成，并经涂漆的饮茶器具。漆器起源甚早，六七千年前的河姆渡文化已有漆碗。唐朝时瓷业发达，漆器向工艺品方向发展。河南偃师杏园李归厚墓出土的漆器中发现了贮茶漆盒。宋元时期，漆器分为两大类，一类以髹黑、酱色为主，光素无纹，造型简朴，制作粗放，多为百姓所用；另一类精雕细作，有雕漆、金漆、犀皮、螺钿镶嵌诸种，工艺奇巧，镶镂精细，更有甚者，以金银作胎，如浙江瑞安仙岩出土的北宋描金堆雕漆器。明清时期，髹漆又有新发展，当时的名匠时大彬的"六方壶"髹以朱漆，取名"紫砂胎剔红山水人物执壶"，此六方壶为宫廷茶器，是漆与紫砂合一的绝品。清朝乾隆年间，福州名匠沈绍安创制脱胎漆器的工艺，所制茶器乌黑清润轻巧，成为中国"三宝"之一。

漆艺茶器表面晶莹光洁，嵌金填银，描龙画凤，光彩照人；其质轻且坚，散热缓慢。漆艺茶器虽具有实用价值，但多作为工艺品，陈设于客厅、书房，能够为居室增添一份雅趣。

青花瓷茶器

青花瓷是在器物的瓷胎上以氧化钴为呈色剂描绘纹饰图案，再涂上透明釉，经高温烧制而成。它始于唐朝，盛于元、明、清，曾是茶器品种的主流。元朝出现的青花瓷茶器，幽靓典雅，不仅受到国人的喜爱，还远销海外。

青花瓷茶器蓝白相映，色彩淡雅宜人，华而不艳。今天市面上流行的景德镇青花瓷茶器，在继承传统工艺的基础上，又开发创制出许多新品种，无论是茶壶还是茶杯、茶盘，从造型到图饰，都体现出浓郁的民族风格和现代东方气派。景德镇瓷器是当今最为普及的茶器种类之一。

金银茶器

以银为质地者称银茶器，以金为质地者称金茶器，银质而外饰金箔或鎏金的称为饰金茶器。金银茶器大多以锤成型或浇铸焊接，再刻饰或镂饰——金银延展性强，耐腐蚀，工艺精致，又有美丽的色彩与光泽，价值很高，多为帝王富贵之家使用，或作供奉用品。

在中唐前后，茶器从众多金银器皿中分化出来。陕西省扶风县法门寺塔基、地宫出土的大量金银茶器，有鎏金鸿雁纹银茶槽子、鎏金团花银碢轴等。唐朝金银茶器专为帝王富贵之家使用。

宋朝金银器有进一步发展。北宋茶学家蔡襄在《茶录》中写道："茶匙要重，击拂有力，黄金为上。"明朝时的金银制品技术没有多少创新，但帝王陵墓出土的文物却精美无比，定陵出土的万历皇帝玉碗的碗盖及托盘

茶经

卷中

均为纯金錾刻而成。

清朝金银器工艺空前发展，皇家使用金银茶器更为普遍。由于金银贵重，现代生活中极少使用金银茶器。

锡茶器

锡茶器是指用锡制成的饮茶用具，采用高纯精锡，经焙化、下料、车光、绘图、刻字雕花、打磨等多道工序制成。精锡刚中带柔，密封性能好，延展性强，所制茶器多为贮茶用的茶叶罐，形式多样，有鼎形、长方形、圆筒形及其他异形。

镶锡茶器是一种工艺茶器，在清朝康熙年间由今山东烟台民间艺匠创制。通常用高纯度的熔锡模铸雏形，经人工精磨细雕，包装在紫砂陶制茶器或着色釉瓷茶器外表，装饰图案多为松竹梅花、飞禽走兽。具有金属光泽的锡浮雕与深色的器坯对比强烈，富有民族工艺特色。镶锡茶器大多为组合型，由一壶、四杯和一茶盘组成。壶的镶锡外表装饰考究且华丽富贵。当代镶锡茶器主产于山东烟台，江苏等地也有少量生产。

玉石茶器

玉石茶器是指用玉石雕制的饮茶用具。玉石可分为羊脂玉等软玉和翡翠等硬玉。明朝医药学家李时珍在《本草纲目》提及玉石的功效："润心肺，助声喉，滋毛发。滋养五脏，止烦躁。"使用玉石茶器泡茶，亦有此功效。

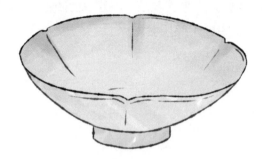

青瓷葵口茶碗

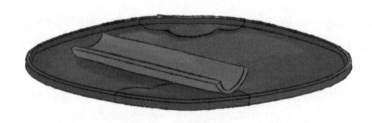

髹漆茶盘与茶则

青花盖碗与若琛瓯

金质杯托

锡质茶叶罐

玉石盖置

景泰蓝

　　景泰蓝，亦称"铜胎掐丝珐琅"，是北京著名的传统工艺。景泰蓝需经制胎、掐丝、点蓝、烧蓝、磨光、镀金等八道工序，才能制成，因流行于明朝景泰年间，故得此名。景泰蓝茶器多为盖碗和盏托，制作精细，花纹繁多，内壁光洁，蓝光闪烁，华丽珍贵。

卷 下

五 之 煮

山水上，江水中，井水下。

原 文

凡炙茶，慎勿于风烬间炙，熛焰①如钻，使炎凉不均。持以逼火，屡其翻正，候炮②，普教反。出培塿③，状虾蟆背，然后去火五寸。卷而舒，则本其始又炙之。若火干者，以气熟止；日干者，以柔止。

注 释

①熛（biāo）焰：迸飞的火焰。
②炮（páo）：古代一种烹饪手法。这里指烘烤。
③培塿（lǒu）：小土丘。这里指凸起的小疙瘩。

译 文

烤茶饼的时候，切忌在通风的余火上烤，因为迸飞的火焰容易使茶饼烤得不均匀。烤茶饼的时候，要靠近火苗，还要不停地来回翻动，当烤，"炮"的读音为"普""教"二字的反切音。出像蛤蟆背上一样的小疙瘩时，再离火五寸烤。当卷曲的茶饼又舒展开时，再按刚才的办法烤。若制茶的时候茶是用火烘干的，那么要烘到茶饼冒热气；若是用太阳晒干的，晒到柔软就行了。

解 读

唐时的茶饼在煮饮前，先得烤炙，一是为了去除水分，二是因为适度烤火后的茶，香气更高。烤制时要注意防风，有风火苗便飘忽不定，茶饼就会受热不均。除此以外，火的大小、烤的程度都有讲究。烘干、晒干的茶饼，还要区别对待，因为二者性状有一定差异。在这里，陆羽的讲解可谓是相当的细致。

如今，大多数人在泡茶、煮茶前，已经不再烤茶。这是因为，到我们手中的茶多是工艺较佳的成品，干燥度已经足够，没有非烤茶不可的必要。当然，一些人追求火攻香，泡茶之前也有这一步，只是一般并非用直火，而是用陶制的烤茶罐或烤茶盘适温烘烤。

其始，若茶之至嫩者，蒸罢热捣，叶烂而牙笋存焉。假以力者，持千钧杵亦不之烂。如漆科珠^①，壮士接之，不能驻^②其指。及就，则似无穰^③骨也。炙之，则其节若倪倪^④如婴儿之臂耳。既而，承热用纸囊贮之，精华之气无所散越^⑤，候寒末之。末之上者，其屑如细米；末之下者，其屑如菱角。

注 释

①漆科珠：指涂了漆的珠子。科，同"颗"。
②驻：停留。
③穰（ráng）：同"瓤"，指禾秆中白色柔软的部分。
④倪倪：幼嫩柔弱的样子。
⑤散越：向外飘散。

译 文

制茶之初，如果是非常柔嫩的茶叶，那就要在蒸后趁热捣碎，叶子捣烂了，但芽尖还是完整的。若是只用蛮力，即便拿起千钧重的杵也不能将它捣烂。这就像那光滑的涂了漆的珠子一般，虽然很轻很小，但是壮士也不能拿稳它。捣好之后的茶，就像没有茎梗的禾秆。这时再拿来烤，就会柔软得像婴儿的手臂一般。烤好之后，要趁热用纸袋将它装起来，这样它的香气就不易散失，等凉下来后再将它碾成碎末。上等茶末，其碎屑像细米；下等茶末，其碎屑像菱角。

解 读

陆羽说，捣茶是个技术活，掌握不好力度，拥有再大的力气也没用。茶捣得好，烤后的茶饼品相也好，对下一步碾茶也有助益。制茶的步骤是一环扣一环的。

茶经 · 卷 下

捣
茶

原 文

其火，用炭，次用劲薪①。谓桑、槐、桐、栎②之类也。其炭，曾经燔炙③，为膻腻④所及，及膏木⑤、败器⑥，不用之。膏木为柏⑦、桂⑧、桧⑨也。败器，谓朽废器也。古人有劳薪之味⑩，信哉！

注 释

①劲薪：坚硬的木柴。这种柴燃烧久，火力强，因而得名。

②栎：同"栎"，一种树木，多作柴薪。

③燔（fán）炙：烤肉。

④膻腻：这里指腥膻油腻的食物。

⑤膏木：油脂丰富的树木。

⑥败器：腐坏的木器。

⑦柏：柏树。

⑧桂：桂树。

⑨桧：圆柏。

⑩劳薪之味：用不适宜或用旧的木材当柴烧，会使食物散发出令人不舒服的气味。

译 文

烤茶用的火，最好使用木炭，其次用火力较强的硬木柴，如桑木、槐木、桐木、栎木之类。曾烤过肉而染上了腥膻味道的木炭，或是那些油脂丰富的木柴，以及腐坏了的木器，都不适用。油脂丰富的树木是指柏树、桂树、圆柏等。败器是指朽坏了的木器。古人所说的"劳薪之味"，确实是这样的。

解 读

烤茶与煮茶都需要火。陆羽对火的要求也很明确：火力要强劲、持久、平稳，燃料本身还应清洁且无异味。在陆羽看来，如柏木、桂木、桧木等油脂丰富、燃烧时散发特殊气味的木材都不适用。

"劳薪之味"出自晋朝时的一段往事。当时，荀勖随晋武帝外出。厨师找不到柴火，只好卸下旧车车脚来烧火做饭。想不到，荀勖一吃，便察觉了出来，谓在坐人此乃"劳薪所炊"。

　　于茶事中浸淫多年，陆羽在用火上积累了相当丰富的经验，较之一般人，他的观微能力自然更胜一筹。也只有在一件事上磨炼出一定的功夫，才能体会更高境界者所言非虚。这也是修身方面"止于至善"的道理。

用　炭

其水，用山水上，江水中，井水下。《荈赋》所谓："水则岷方之注^①，挹^②彼清流。"其山水，拣乳泉^③、石池慢流者上。其瀑涌湍漱^④，勿食之，久食，令人有颈疾^⑤。又多别流于山谷者，澄^⑥浸不泄，自火天^⑦至霜郊^⑧以前，或潜龙^⑨蓄毒于其间，饮者可决之，以流其恶，使新泉涓涓然，酌之。其江水，取去人远者。井，取汲多者。

注 释

①岷方之注：岷江中流淌的清水。
②挹：同"抱"，舀取。
③乳泉：钟乳石上的滴水。
④瀑涌湍漱：汹涌翻腾的激流。
⑤颈疾：颈部疾病。
⑥澄：水清澈而不流动。
⑦火天：酷热的夏天。
⑧霜郊：霜降。
⑨潜龙：居于水中的龙蛇。

译 文

煮茶用的水，以山间的水最佳，其次为江河里的水，最差的是井水。如同《荈赋》所说："舀取岷江中流淌的清水。"如果用山间的水，最好选用钟乳石上的滴水、石池缓慢流出来的水。切记，不要饮用那些湍急的水，长期喝那样的水，颈部会产生不适。像那些几处溪流汇合，蓄于山谷之间的泉水，水虽然很清澈，但是缺乏流动。从酷暑到霜降之前，也许会有龙蛇之类潜伏其中，水就会受到污染且有毒。我们要喝的时候应该先挖出一个缺口，把那些有毒的水放出去，新的泉水才会流出来，我们然后再饮用。江河里的水，要到远离人烟的地方去取，井水则要选那些经常有人汲水的井。

解 读

茶作为饮品，水的重要性不言而喻。自陆羽论水，后世对水的重视更是一朝胜过一朝。通观诸论，水贵"甘、清、活"。在同等条件下，利用现代检测方法，钙、镁离子含量较低的水，即软水，更适合泡茶、煮茶。从感官角度出发，以软水为底的茶，汤色明亮、滋味鲜爽。

绘事后素，只有底子有保证了，才有锦上添花的可能。因此，明末清初戏曲家张大复在《梅花草堂笔谈》中说："八分之茶，遇十分之水，茶亦十分矣；八分之水，试十分之茶，茶只八分耳。"明朝茶人张源也认为"真水无香"，助发茶性而已。茶人、文人之所以好论水，除了对水的实际功用的考虑，也是在借水喻德。

陆羽的这段论述，源于实践经验。这是这段论述可贵的地方，也是后世诸家愿意费心费神围绕它进行真谬辨别的前提。"乳泉"之水是什么样的水？为什么"瀑涌湍漱""令人有颈疾"？"颈疾"是什么病？对于这些疑问，后人都有正面或反面的印证。

现如今，好水更不易得。都市中的自来水自不待言，即便取自优质水源的瓶装水，也因长时间的运输而失之鲜活。细细想来，生在当代的我们喝上一杯好茶的确是很不容易的。

原 文

其沸，如鱼目^①，微有声，为一沸；缘边如涌泉连珠，为二沸；腾波鼓浪，为三沸 。已上水老，不可食也。初沸，则水合量调之以盐味，谓弃其啜余^②。啜，尝也，市税反，又市悦反。无乃餡䤈^③而钟其一味乎？上古暂反，下吐滥反，无味也。第二沸，出水一瓢，以竹箸环激汤心，则量末当中心而下。有顷，势若奔涛溅沫，以所出水止之，而育其华也。

注 释

①鱼目：水刚沸腾时冒出的水泡像鱼的眼睛。
②弃其啜余：把尝剩下的水倒掉。
③餡䤈：无味。

译 文

水沸腾时，会出现像鱼的眼睛那样的小水泡，同时会发出轻微的响声，这叫作"一沸"；锅的边缘有连珠般的水泡往上冒的时候，叫作"二沸"；沸水翻腾的时候，叫作"三沸"。再继续煮，水就不新鲜了，不宜饮用。水刚开始沸腾的时候，需要按照水量放入适量的盐调味，然后把刚刚尝剩下的水倒掉。啜，就是"尝"，读音为"市""税"二字的反切音，又读为"市""悦"二字的反切音。切莫因为无味而加入过多的盐，否则，不就单显咸味这一种味道了吗？餡的读音为"古""暂"二字的反切音，䤈的读音为"吐""滥"二字的反切音，餡䤈的意思是无味。二沸的时候，先舀出一瓢水，然后用竹箸在沸水中慢慢地转圈搅动，用茶则取一定量的茶末沿漩涡中心缓缓地倒下去。过一会儿，水大开后，水沫向外翻涌飞溅，我们再把刚才舀出的水倒入锅中，使水不再大滚，这样可以保养水面生成的汤花。

解 读

陆羽将水沸腾的情况分为三种，"其沸，如鱼目，微有声"为一沸，"缘边如涌泉连珠"为二沸，"腾波鼓浪"为三沸，以此分辨水的老、嫩程度。水太老或太生都会影响茶汤的表现。水至二沸时，舀出一瓢倒入熟盂中，待三沸时取出，用来止沸，这样便刚刚好。久沸的水，二氧化碳挥发殆尽，茶汤的鲜爽度不足。

初沸加盐，且要适量，太咸就坏了茶汤。盐的提鲜功能，过犹不及。那么，什么时候投茶呢？陆羽说，水二沸时舀出一瓢后，在水面中心投茶。水经三沸，茶仅一沸，可见煮茶的时间是很短的。所育之"华"现已不得见，想必也是美的。

今人饮茶多为泡饮，但对煮水的要求也还有，只是焦点从对沸腾程度的把控，转移到了对煮水用具的选择，例如人们会选择某些能够优化水质的陶壶、铁壶等。铁壶蓄热，还能软化水质，形成山泉效应。某些铁壶用料讲究，有的不仅使用砂铁，还使用精炼的"玉钢"，加上一次仅出一把壶的蜡铸工艺，颇具收藏价值。

紫砂是泡茶壶的上佳用料，可它不适合快速加温烧煮，因此不会被用于煮水壶原料。

以竹筴环击汤心

凡酌，置诸碗，令沫饽^①均。字书^②并《本草》：饽，均茗沫也。蒲笏反。沫饽，汤之华也。华之薄者曰沫，厚者曰饽，细轻者曰花。如枣花漂漂然于环池之上，又如回潭曲渚青萍之始生^③，又如晴天爽朗有浮云鳞然^④。其沫者，若绿钱^⑤浮于水湄，又如菊英^⑥堕于樽俎^⑦之中。饽者，以滓煮之，及沸，则重华累沫，皤皤然^⑧若积雪耳。《荈赋》所谓"焕如积雪，烨若春薂^⑨"，有之。

注 释

①沫饽：茶水沸腾时浮在水面的泡沫。

②字书：解释文字形音义的著作，如《说文解字》《开元文字音义》等。

③又如回潭曲渚（zhǔ）青萍之始生：又像回旋流动的潭水与曲洲的小洲间刚刚长出的浮萍。回潭，回旋流动的潭水。曲渚，曲折的小洲。青萍，浮萍，一种水生植物。

④浮云鳞然：云的形状像鱼鳞一样。

⑤绿钱：苔藓。

⑥菊英：菊花。

⑦樽俎（zǔ）：古代盛酒食的器皿。

⑧皤（pó）皤然：白花花的样子，此处形容白色的茶沫。

⑨烨若春薂（fū）：像春天的花那样灿烂。春薂，春天时的花叶舒展的样子。

译 文

喝茶的时候，多放几个碗，把浮沫舀到各个碗里，并且要均匀。字书和《本草》都说饽是茶沫，读音为"蒲""笏"二字的反切音。所谓"沫饽"，就是汤花。薄的称"沫"，厚的称"饽"，细轻的称"花"。汤花像在圆形池塘中漂动的枣花，又像回旋流动的潭水与曲折的小洲间刚刚长出的浮萍，还像飘在天空中的鱼鳞状的浮云。那"沫"，像浮在水边的青苔，又像落入杯中的菊花。那"饽"，就是煮茶滓时，水沸腾后，表面慢慢堆起的厚厚一层白色沫子，白得如积雪一般。《荈赋》中讲的"焕如积雪，烨若春薮"，确有其事。

解 读

酌茶即分茶，还得分得平均，保证每只茶碗中分到的沫饽大致相同。当今的人们几乎不再追求沫饽，也不觉得那是珍贵的。使用泡饮手法，产生的沫饽就更少了。无论是枣花漂于环池，还是青萍始生潭渚，抑或是鳞云浮游于晴空，都只存在于人们的想象之中。"绿钱""菊英"较紧实。"饽"呈积聚状，团团簇簇，颜色是明确的，雪白明亮。

如此看来，陆羽所说的沫饽便是茶皂素所产生的泡沫。茶皂素在茶树的种子、根、叶等部位都有，味苦、辛，有抗菌消炎的功效。茶皂素的水溶液经振荡，能够产生持久性的泡沫，且起泡力不受水质硬度的影响。宋朝的点茶便是利用茶皂素的起泡性能，亦是创造审美价值的典范。

陆羽对沫饽推崇备至，也是因为它具有一定的观赏性，宋朝的点茶很好地继承了这一点，并将其发扬光大。其后，点茶东渡日本，演变为"抹茶道"，流行至今。

点茶器具之茶碗、茶筅

原 文

第一煮水沸，而弃其沫之上有水膜如黑云母①，饮之则其味不正。其第一者为隽永，徐县、全县二反②。至美者曰隽永。隽，味也。永，长也。味长曰隽永。《汉书》：蒯通著《隽永》二十篇也③。或留熟盂以贮之，以备育华救沸之用。诸第一与第二、第三碗次之，第四、第五碗外，非渴甚莫之饮。凡煮水一升，酌分五碗。碗数少至三，多至五；若人多至十，加两炉。乘热连饮之，以重浊凝其下，精英浮其上。如冷，则精英随气而竭，饮啜不消亦然矣。

茶性俭，不宜广，广则其味黯澹④。且如一满碗，啜半而味寡，况其广乎！其色缃⑤也。其馨欤⑥也。香至美曰欤，欤音使。其味甘，槚也；不甘而苦，荈也；啜苦咽甘，茶也。《本草》云："其味苦而不甘，槚也；甘而不苦，荈也。"

注 释

①黑云母：矿物名。云母有玻璃光泽，半透明，颜色不一。黑云母属于其中一种。

②徐县、全县二反：隽的读音有徐、县二字反切音和全、县二字反切音两种。

③蒯（kuǎi）通著《隽永》二十篇也：蒯通，西汉初范阳（治今河北定兴）人。汉惠帝时，为丞相曹参宾客。《汉书·蒯通传》："通论战国时说士权变，亦自序其说，凡八十一首，号曰《隽永》。"

④黯澹：同"暗淡"，这里指茶味淡薄。

⑤缃（xiāng）：浅黄色。

⑥欤（shǐ）：香美。

译 文

对于第一次煮开的水，要把沫上那一层类似于黑云母的膜状物去掉，否则口感不佳。接着，从锅里舀出第一瓢水，这瓢水既甘甜又香美，称为"隽永"。"隽"有"徐""县"二字的反切音和"全""县"二字的反切音两种读法。最美的

茶经 · 卷 下

味道称为隽永。隽，味道。永，长久。味道长久就是隽永。《汉书》载，蒯通著有《隽永》二十篇。通常将它存放在熟盂当中，准备着供育华止沸之用。接下来的第一、第二和第三碗水，味道会稍微差一些。第四、第五碗之外的水，若不是人渴得十分厉害，就没必要喝了。一般烧一升水，可分作五碗。碗的数量少则为三，多则为五；如果人多至十人，则加煮两炉。要趁热把它一一喝完。因为那些重浊的物质沉淀在下面，精华则浮在上面。茶一冷，精华就会跟着热气跑掉，就算连着喝，也是一样的情况。

　　茶的性质较"俭"，不能多放水，水多了，茶的味道就会变淡。就是一满碗茶，当我们喝了一半之后，也会觉得它的味道有些淡了，更何况放很多水呢！茶汤为浅黄色，香气四溢。香味至美称为馤，馤的读音为"使"。味道甘甜的为"槚"；不甜而苦的则为"荈"；入口时感觉有苦味，咽下去又有回甘的才是"茶"。《本草》说："味道苦而不甜的是槚，甘甜而不苦的是荈。"

处士独饮

解 读

　　"茶性俭"的解读有诸多版本,这是很有意思的。

　　从物质层面分析,茶叶的内含物有限,水加多了味道就淡。另外,喝茶如牛饮,会降低口腔的感受力,混混沌沌地,尝不出茶的好。这样的解读符合饮茶的实际情况。

　　然而,经典之所以为经典,是因为它不仅解释物质世界,还指向精神层面。由"茶性俭"生发出"茶有俭德",是很自然的。无论是写《茶经》的陆羽,还是读《茶经》的我们,如此联想都合情合理。倘若将开篇"南方之嘉木"视作文眼,"茶性俭"的深层解读就更为顺理成章了。那么,"俭"是一种什么样的德?老子说他有三件宝物,其一是"慈",其二是"俭",其三是"不敢为天下先"。慈,外向、外显,是阳性能量;俭,克制、收摄,是阴性能量。茶就这样被陆羽,以"嘉""俭"二字人格化了。

　　人格化的茶是一种"象",你能感受到它,却说不清,道不明。这是一种很高明的手法,我们的祖先精于此道。孔子也曾自问:"书不尽言,言不尽意。然则圣人之意,其不可见乎?"而后,他又自答道:"圣人立象以尽意。"陆羽以茶立象,想要传达的"意",即精神、理念、规劝乃至教化。

茶经 ◦ 卷 下

惠山泉

相传，惠山泉为无锡县令敬澄于唐朝大历年间（766—779 年）所凿，因江苏无锡的惠山而得名。惠山泉分上、中、下池，以上池为最佳。明朝文学家王世贞有诗："一勺清泠下九咽，分明仙掌露珠圆。空劳陆羽轻题品，天下谁当第一泉？"

名闻天下的惠山泉，曾引发不少故事。

相传，唐朝宰相李德裕精于茶理，尤爱以惠山泉泉水煮茶，从无锡到长安设"递铺"——类似驿站的运输机构，命人用坛封装，奔波数千里，为他传送惠山泉泉水，供他煎茶。一位云游和尚告诉他，惠山泉泉水虽然甘美，但从千里之外送到京师，水味早失，长安城内有一眼井，与惠山泉脉相通，完全可以用来代替惠山泉之水。和尚说，这口井就在城内昊天观常住库后边。李德裕不相信，便让手下准备了十瓶水，一瓶为惠山泉水，一瓶为昊天观的井水，其余八瓶则是一般的水，让和尚当场品尝。和尚一一尝过，取出惠山泉水与昊天观水，说："这两瓶水味相同，其余只是普通的水。"李德裕大为惊叹，立即命令停止水递，于是"人不告劳，浮议弭焉"。

到了北宋，都城开封的达官显贵与文人，仿效李丞相当年豪举，不远千里，舟车载送，将惠山泉泉水运至开封。他们没有驿马急递的权力，便摸索出一个"拆洗惠山泉"之法，将运到开封的惠山泉泉水，"用细沙淋过，则如新汲时"，也就是用细沙将水过滤一下，去其杂质异味。于是，惠山泉泉水常常运到开封，被视为珍品，成为文人雅士之间馈赠的高档礼品。

明朝对惠山泉的仰慕更甚。喝不到惠山泉泉水，文人便挖空心思"自制惠山泉泉水"。当时的文人先把一般的泉水煮开，放在大缸里，把大水缸放置在院背阴处，即阳光照不到的地方。到了月色皎洁的夜晚，打开缸盖，让它承受夜露的滋润。如此三个夜晚，用瓢轻轻地将水舀到瓷坛中。据说，用此水煮茶"与惠山泉无异"。

惠山泉泉水为何如此神妙？清朝地理学家刘献廷在《广阳杂记》中说："惠山泉清甘于二浙者，以有锡也。""锡"为"五金之母"，根据五行相生相克之说，"金生水"，金母自然生佳水。

如今，我们看到惠山泉旁有"天下第二泉"五个大字，即出自南宋末元初著名书法家赵孟頫之手，字体秀媚挺拔，为惠山泉增色不少。

潦　水

潦水即雨后的积水，多积聚于土坑、凹陷处、低洼处和岩石缝中。这种水天长日久无人搅动，其性不动摇而内守，兼有土气内存，止而不流，取其上清者烹茶，最为养人先天之肾与后天之脾。中医常用于煎煮调理脾胃之剂。初唐文学家王勃的《滕王阁序》中有"潦水尽而寒潭清，烟光凝而暮山紫"之句，也提到了这种难得的水。

六一水

六一水，即农历六月初一收取的水。清朝医学家王秉衡所撰写的《重庆堂随笔》中记载："六月初一日取好水藏之，久而弥佳，名六一水，又名神仙水，宜于夏秋烹茗。"这里的"六一"指的便是农历六月初一。这种水与春雨水、秋露水、冬霜水类似，也是有一个特殊的采收时间要求，再加上需经长时间储存，因此很难得到。

半天河水

古人对于烹茶用水的要求非常严格。一些上等好水，甚至还可用于煎制特定药剂。《史记·扁鹊仓公列传》记载，扁鹊年轻时，曾在一个旅馆里当主管。有一天，旅馆里来了位客人，名叫长桑君。长桑君在旅馆一住十余年，扁鹊见这位老人气质高雅，谈吐举止不凡，对他极为恭敬。长桑君经过考察，认为扁鹊是一位可造之材，就送给他一包药，告诉他就着"上池之水"服用。扁鹊按照长桑君的方法服下药物三十天，变得心明眼亮，能够隔墙看物，洞见人的五脏六腑，成为一代名医。

这里所说的"上池之水"，实际上是指自天而降、存于半天之中、未落尘埃、未染尘泥的水，所以又称为"半天河水"。中医著作《医碥》也将雨雪之水称为半天河水。半天河水质轻味淡，泡茶尤佳，用以煎药，对于治疗人体上部疾病，疗效最好。

惠山泉（寄畅园）

紫砂壶

紫砂矿土，即含铁、石英丰富的黏土，是一种特殊的自然矿土。紫泥、绿泥和红泥统称为紫砂泥。紫砂茶壶除由三种基泥单独制造外，有时也以不同的成分配比，不同温度烧成，呈现出紫而不姹、红而不嫣、黑而不墨、如铁如石的特点。如在泥中和以粗粒生砂、熟砂，或用铺砂手法，则縠皱周身，珠粒隐现，更加夺目。

紫砂茶壶里外都不施釉，周身布满气孔，透气性能好，而又不透水，并具有较强的吸附力。用紫砂壶泡茶，既不夺香又无熟汤气，色、香、味皆蕴。紫砂壶传热缓慢，保温性强，提握抚摸也不会让人感到炙手，且有保健的功效。紫砂壶使用经久，日加涤拭，光可鉴人。

紫砂壶形制有高矮之分，也有扁圆之分。高壶宜泡红茶，红茶在焙制中经过发酵，不避深闷；矮壶宜泡绿茶，因绿茶在焙制中未经发酵，不宜深闷。此外，用扁壶泡绿茶能使茶汤保持澄碧新鲜的色、香、味。

孟臣壶

明朝天启年间（1621—1627年）至清朝康熙年间（1662—1722年），出现了一位制壶高手——惠孟臣。他尤工紫砂小壶，多为赭石色，壶小如香橼，容水50毫升，器底刻有"孟臣"钤印。惠孟臣的作品，被称为孟臣壶，亦称"孟公壶""孟臣罐"，主要用于冲泡乌龙茶，为工夫茶茶具之一。孟臣壶传入欧洲，风靡诸皇室。可惜传世品甚少，现今所用者，大多为仿制品。惠孟臣的朱泥圆壶，现为香港中文大学文物馆收藏。

惠孟臣梨形壺

顾景舟

　　当代壶艺泰斗，当推顾景舟。他认为，完美的紫砂作品必须具备"形、神、气、态"四个要素。形，即形式的美，指作品的外部轮廓；神，即神韵，体现精神美的韵味；气，即气质，陶艺所蕴含的和谐的色泽美；态，即形态，作品的高低肥瘦、刚柔方圆的各种姿态。顾景舟的紫砂壶作品，造型古雅，线条流畅，深有韵致。

六 之 饮

茶有九难：一曰造，二曰别，三曰器，四曰火，五曰水，六曰炙，七曰末，八曰煮，九曰饮。

原 文

翼而飞^①，毛而走^②，呋而言^③，此三者俱生于天地间，饮啄^④以活，饮之时义远矣哉！至若救渴，饮之以浆^⑤；蠲忧忿^⑥，饮之以酒；荡昏寐^⑦，饮之以茶。

注 释

①翼而飞：指长翅膀的飞禽。

②毛而走：指长毛的走兽。

③呋（qū）而言：指张口能说话的人类。呋，张口。

④饮啄：饮水啄食，即喝水、吃东西。

⑤浆：古代特制的酸味饮料。

⑥蠲（juān）忧忿：消除忧虑悲愤。蠲，消除。

⑦荡昏寐：驱走昏沉困倦。荡，消除。

译 文

长翅膀的飞禽、长毛的走兽、张口能说话的人类，这三者都生长在天地之间，依靠饮水、吃食物来维持正常的生命活动。由此可见，饮水的作用之大，意义之深远。为了达到解渴的目的，就需要饮浆；要消愁解闷，就需要喝酒；为了提神或解除暂时的瞌睡，则需要喝茶。

解 读

饮食是人补充能量的渠道。茶作为饮品，高妙之处在于"荡昏寐"，使人清醒。生理上，可以提神少眠，去除困意；精神上，可以使人神清气爽，怡情养志。唐朝诗人卢仝所作诗《走笔谢孟谏议寄新茶》中说得好：

一碗喉吻润，两碗破孤闷。

三碗搜枯肠，唯有文字五千卷。

四碗发轻汗，平生不平事，尽向毛孔散。

五碗肌骨清，六碗通仙灵。

七碗吃不得也，唯觉两腋习习清风生。

　　一杯清茶，能让诗人身心舒畅，顿感天地无涯，物我一体。先贤们的智慧就在于此，身心统一才能感知平日里难以企及的境界。可见，茶是多么可爱的宝物，也是多么灵便的桥梁。

　　往后一朝，到了宋朝，苏轼所作诗《惠山谒钱道人烹小龙团，登绝顶望太湖》，其内容也是气象磅礴，动人心魄：

踏遍江南南岸山，逢山未免更留连。

独携天上小团月，来试人间第二泉。

石路萦回九龙脊，水光翻动五湖天。

孙登无语空归去，半岭松声万壑传。

　　饮茶会友，看湖光山色，听万壑松涛，也是一种出尘的体验。诗僧皎然曾说"此物清高世莫知"，看来知己虽少，却也不是没有，只是隔了时间、空间，彼此不认得，而被好事的外人看了热闹罢了。

秋日烹茶

原 文

茶之为饮，发乎神农氏①，闻于鲁周公②。齐有晏婴③，汉有扬雄④、司马相如⑤，吴有韦曜⑥，晋有刘琨⑦、张载⑧、远祖纳⑨、谢安⑩、左思⑪之徒，皆饮焉。滂时浸俗⑫，盛于国朝，两都⑬并荆渝间，以为比屋之饮⑭。

注 释

①神农氏：炎帝，号神农氏，传说中的上古三皇之一。相传他曾尝百草。因《神农本草》中记载茶的功用，所以陆羽认为茶"发乎神农氏"。

②鲁周公：姓姬，名旦，周文王的儿子。辅佐武王灭商及建立西周王朝，并制礼作乐，被后世尊为周公。因其封国在鲁，所以又被称为鲁周公。

③晏婴：字平仲，春秋时期齐国大夫，以能言善辩著称。

④扬雄：字子云，西汉辞赋家。

⑤司马相如：字长卿，西汉辞赋家，其作品有《子虚赋》《上林赋》《长门赋》等。

⑥韦曜：字弘嗣，东吴名臣，撰有《吴书》《国语注》《洞纪》等。

⑦刘琨：字越石，出身士族，少好老庄，早年与石崇、陆机等人为友，并与他们合称"二十四友"。

⑧张载：字孟阳，西晋文学家，与弟张协、张亢并称"三张"。

⑨远祖纳：即陆纳，字祖言，东晋吴兴郡太守。陆羽与之同姓，将其尊为远祖。

⑩谢安：字安石，东晋政治家、文学家，太元八年（383年）在淝水之战中大败前秦苻坚。

⑪左思：字太冲，西晋著名文学家，作《三都赋》轰动当时，留有"洛阳纸贵"的美谈。

⑫滂时浸俗：指形成一种社会风气。滂，原指大水，这里指浸润、影响。浸，浸淫，渐渍。

⑬两都：指唐朝京城长安和东都洛阳。

⑭比屋之饮：家家户户都饮茶。比，挨着。

译 文

茶作为饮料，起源于神农氏，因为周公旦做了文字记载而被大家所知道。古代爱喝茶的人很多，如春秋时期齐国的晏婴，汉朝的扬雄、司马相如，三国时期吴国的韦曜，还有晋朝的刘琨、张载、陆纳、谢安、左思等人都非常爱喝茶。后来，饮茶逐渐成为一种社会风气，到了唐朝，饮茶达到了鼎盛。在长安和洛阳这两个都城及荆州、渝州等地，家家户户都有饮茶的习惯。

解 读

现代茶学家吴觉农认为："直到战国以前的很长时间，茶只限于产茶区有，西南巴蜀一带曾以'贡茶'的形式进入到中原，不过此时的茶仍以药用为主。茶由药用到饮用是战国或秦代以后，神农氏为饮茶创始人是缺少依据的。"

虽然神农氏开饮茶之始没有确证，但是"神农尝百草，日遇七十二毒，得茶而解之"的说法却代代相传。神农氏识茶之后，春秋时期的晏婴，汉朝的扬雄、司马相如，三国时期的韦曜，晋朝的刘琨、张载、陆纳、谢安、左思，也都留下了与茶有关的故事。至于和"饮茶"关系几许，便各有不同了。

饮茶在陆羽那个年代风行，有诸多原因：其一，唐朝建立后，均田、减赋，农业迅速发展，白居易写下的《琵琶行》有"商人重利轻别离，前月浮梁买茶去"之句，反映了当时茶叶贸易的繁荣。其二，唐朝推行禁酒令，许多人转而饮茶，茶的受众成倍增长。其三，唐朝时的文人，如李白、柳宗元、白居易、刘禹锡、皮日休等，在诗文中都有饮茶的描述，茶的好被广泛宣传，再加上《茶经》问世，饮茶的风气便日渐兴盛。

神农氏，传说中的炎帝，他尝遍百草，教人医疗与农耕，被世人尊称为"药王""五谷王""华夏之祖""中华茶祖"。

鲁周公，即周公，姓姬，名旦，历史上常常称他为周公旦。周朝建立后，封于鲁国，因此又被称为鲁周公。他是西周初期杰出的政治家、军事家、思想家、教育家，是"集大德、大功、大治于一身"的儒学先驱和奠基人，也是齐鲁茶文化历史的第一人。

晏婴，字平仲，春秋时期齐国著名政治家、思想家、外交家。晏婴生活节俭，谦恭下士，孔子曾赞曰："救民百姓而不夸，行补三君而不有，晏子果君子也。"《晏子春秋》中则有"婴相齐景公时，食脱粟之饭，炙三弋五卵，茗菜而已"的记载。

扬雄，字子云，擅长辞赋，是继司马相如之后，西汉时期最著名的辞赋家。扬雄性俭，尚茶，班固在《汉书》中这样称赞他："不汲汲于富贵，不戚戚于贫贱，不修廉隅以徼名当世。"

司马相如，字长卿，是西汉时期的文学家、政治家。陆羽在《茶经·七之事》中摘引了司马相如的《凡将篇》。

韦曜，本名韦昭，字弘嗣，是三国时期著名史学家、东吴四朝重臣，著有《吴书》《国语注》《官职训》《三吴郡国志》等。韦曜是古代"以茶代酒"的代表性人物。

刘琨，字越石，晋朝政治家、文学家、音乐家和军事家。刘琨与祖逖互相勉励，立志为国效力，半夜听到鸡叫就起床舞剑、刻苦练功。后人用"闻鸡起舞"形容有志之士及时奋发，刻苦自励。刘琨尚茶，"仰真茶"。

张载，字孟阳，西晋著名文学家，性格闲雅，博学多闻。张载尚茶，著有《登成都楼诗》，借茶自勉，勉励君子应该品位如茶，德播九州。史说张载貌丑，外出时顽童常以石掷之，以致"投石满载"。

左思，字太冲，西晋著名文学家，善于讽喻寄托，治学严谨。据《晋书》载，他花费十年时间完成《三都赋》，曾令"豪贵之家，竞相传写，洛阳为之纸贵"。

远祖纳，即陆纳，字祖言，东晋司空陆玩之子。陆纳尚茶，并视茶为素业，以精行俭德著称。陆羽在《茶经·七之事》中全文摘引了《晋中兴书》中"陆纳杖侄"的典故。

谢安，字安石，东晋名相、政治家、军事家。谢安尚茶，是陆纳的茶友。史说谢安虽然出身门阀，但并不慕名利，屡招不仕，隐居东山，直到朝廷以"为国分忧"的名义再次征召，才离开东山，这就是"东山再起"的出处。

原 文

饮有粗茶①、散茶②、末茶③、饼茶④者。乃斫⑤、乃熬⑥、乃炀⑦、乃舂⑧，贮于瓶缶之中，以汤沃焉，谓之痷茶⑨。或用葱、姜、枣、橘皮、茱萸、薄荷之等，煮之百沸，或扬令滑，或煮去沫，斯沟渠间弃水耳，而习俗不已⑩。

注 释

①粗茶：茶质粗老、工艺粗糙的茶叶。

②散茶：未经压制的茶叶。

③末茶：经碾碎加工的茶叶，是成品茶。

④饼茶：形状像饼的紧压茶。

⑤斫（zhuó）：用刀斧砍伐。

⑥熬：蒸煮。

⑦炀（yàng）：焙烤、烘干。

⑧舂：捣碎、碾磨。

⑨痷（ān）茶：用开水冲泡茶末后饮用，类似于现在的泡饮。

⑩已：停止。

译 文

茶有许多种类，有粗茶、散茶、末茶、饼茶。经过伐枝取叶、蒸煮、焙烤、捣碎等工序，再放到瓶缶中，用开水冲泡，这称为"痷茶"。有的人加入葱、姜、枣、橘皮、茱萸、薄荷等，长时间煮，或者把茶汤扬起使其变滑，或者是在煮时把茶上面的沫撇掉，这样的茶和倒在沟渠里的废水无异，但这种习俗流传不止。

解 读

唐朝饮茶，以煮饮为盛。特意列出"痷茶"，也是因为当时泡饮不流行。至于加入葱、姜、枣、橘皮、茱萸、薄荷等物进行长时间烹煮的饮用方法倒很常见，可陆羽不喜欢。

陆羽推崇清饮，只放茶叶，稍稍加点盐就足够。纯粹的茶香符合文人隐士的审美趣味。遇到好茶，更是如此，得尝茶之本味已是莫大的福祉。

混合茶饮

於戏！天育万物，皆有至妙。人之所工①，但猎浅易。所庇者屋，屋精极②；所著者衣，衣精极；所饱者饮食，食与酒皆精极之。茶有九难：一曰造，二曰别，三曰器，四曰火，五曰水，六曰炙，七曰末，八曰煮，九曰饮。阴采夜焙，非造也；嚼味嗅香，非别也；膻鼎腥瓯③，非器也；膏薪④庖炭⑤，非火也；飞湍壅潦⑥，非水也；外熟内生，非炙也；碧粉缥尘，非末也；操艰搅遽⑦，非煮也；夏兴冬废，非饮也。

注 释

① 工：善于，擅长。

② 极：极点，极致。

③ 膻鼎腥瓯(ōu)：沾染了腥膻之气的锅碗器具。瓯，杯子。

④ 膏薪：油脂丰富的木柴。

⑤ 庖炭：沾染了油腥味的木炭。

⑥ 壅潦：不流动的积水。壅，堵塞。潦，积水。

⑦ 操艰搅遽：操作不熟练，搅动得太急。遽，急。

译 文

呜呼！天地育化万物，都有它极其美妙的地方。人们所擅长的，只不过是那些浅显易做的方面而已。人们住的是房子，房屋的构造极其精巧；穿的是衣服，衣服做得非常精美；填饱肚子靠的是饮食，食物和酒是那样的美味。概括地说，茶要做到精致，有九大难点：一是制造，二是识别，三是器具，四是火力，五是水质，六是炙烤，七是碾末，八是烹煮，九是品饮。阴天采茶，夜间焙茶，这些都不是恰当的制法；凭咀嚼来辨别它的味道，通过鼻子来辨别它的香气，这些都不是恰当的识别方法；用沾染了膻气的锅碗或有腥气的器具，这些都属于使用器具不当；使用那些有油烟的柴和那些烤过肉的炭，这些都属于使用燃料不当；用流得很急或停滞不流的水，这些都属于用水不当；将茶烤得外熟内生，则属于炙烤方法不当；若碾得太细，茶就变成了绿色的粉末，这就属于碾茶方法不当；操作不够熟练，搅动得太急，这些则属于烹煮方法不当；夏天喝茶而冬天不饮茶，则属于饮用不当。

解 读

陆羽自幼在寺院长大，又经儒学教化，熏染了敬天爱物之心。他认为，人作为天地万物中的一员，无法全然掌握物性，所擅长的也不过是其中较为简易的领域。这里，陆羽并非有意贬低人的主观能动性，而是想表达对自然或天道的一份敬畏。

住房、穿衣、饮食都是人生活的基本面，人可以做到极其精细、极其讲究的程度，但在这些方面的穷极讲究，是否有其必要？在唐朝盛极豪奢的社会背景下，陆羽的三个"精极"暗含深意。古文有言不尽意的蕴藉美，此处亦有体现。

陆羽说"茶有九难"，其实，他是想说各个方面都难，各个方面都得用心对待。首先，制茶是个环环相扣的过程。唐朝时的制茶条件有限，蒸汽杀青后的散湿，以及茶饼出模后的初干，都得在晴好的天气下进行，以使相应环节的茶叶达到适宜的干燥度。其次，茶叶的强吸附性要求制茶相关的器具、物料必须洁净无异味。再者，用水、制备茶汤的手法，也都关系到最终的饮茶体验。这是一个熟悉制茶过程的品饮者的讲究。陆羽将茶事的讲究与世风下住房、穿衣、饮食三者的讲究，放在一处讨论，是很有意味的。

如果说，陆羽事茶的过程能够让人隐约看出以技入道的影子，那么，"夏兴冬废，非饮也"就彻底显示了他将饮茶视作日常精神而修持的明确态度。饮茶，可以醒神、涤烦、荡昏寐，让人置心一处，收摄心神，是很好的修行方法。对于像陆羽那样的人来说，这是每天必要的功课。

苕溪隐庐

原 文

夫珍鲜馥烈[1]者，其碗数三。次之者，碗数五。若座客数至五，行三碗；至七，行五碗；若六人以下，不约[2]碗数，但阙[3]一人而已，其隽永补所阙人。

注 释

①珍鲜馥（fù）烈：指鲜醇香美、十分难得的好茶。馥，香气浓烈。
②约：拘束，限制。
③阙：同"缺"，缺少。

译 文

那些鲜醇香美、十分难得的好茶，一炉里只能煮三碗。味道较次的是第四、五碗。若喝茶的人达到五个，就舀出三碗传着喝；若达到七人，就舀出五碗传着喝；若人数在六人以内，就不必限制碗数，只是缺少一人的量，用"隽永"补充即可。

解 读

茶叶的浸出物有限。陆羽说，一道茶中，前三碗茶汤的香气滋味最好，可以达到鲜爽、馥郁、浓烈的品鉴标准。到第四、第五碗时，茶汤中的风味物质少了很多，滋味也就相应差一些。

这是古今通用的准则，很好理解。至于数值，要看具体情况。不同产地的茶由于土壤等环境条件的差异，内含物的多寡不尽相同。算上品种的差异，乔木茶与灌木茶的风味表现也是不一样的。

陆羽那时候还没有"公道杯"，无法做到让茶桌前的每一位茶客都享用到同一份茶汤。只能盛出若干碗，轮流喝。出于个人卫生的考虑，我们不会一味拟古，倒退至唐朝时的饮茶习惯。然而，无论是古人还是今人，在饮茶时都留意到了平等之礼。茶桌前的平等，是对传统人文精神的一种传承。

分茶

工夫茶

乌龙茶的冲泡比较讲究，开泡前要精心选择茶器，冲泡时得下一番功夫，喝茶时还要细细品饮，所以得名"工夫茶"。工夫茶在广东潮汕和福建闽南等地非常流行。说它讲究，主要原因在于茶器的讲究。以前，一套工夫茶专用器具众多，有煮水、冲泡、品茗三大类。

工夫茶的煮水用具有风炉、火炭、风扇、水壶等。风炉叫汕头风炉，现代家庭一般改用方便清洁的电炉，风炉、火炭和风扇已不多见。煮水用的水壶俗称玉书煨，容水 200 毫升。闽南、粤东和台湾等地将陶瓷质水壶通称为"煨"，以广东潮安出产的最为著名。"玉书"两字的来源有二：一是水壶设计制造者的名字；二是此壶出水时宛如玉液输出，故称"玉输"，因"输"字不吉，又改名为"玉书"。

冲泡用具主要有茶壶、茶船和茶盘。茶船和茶盘用来盛冲泡时流出来的热水，同时对茶壶、茶杯起保温和保护作用，比一般的茶托要大得多，在台湾地区称茶池。品茗则主要是用若琛杯。若琛杯，相传为清朝江西景德镇烧瓷名匠若琛所作，为白色敞口小杯，与小巧的紫砂壶十分相配。现代人追求杯与壶色调协调，将白色的若琛杯制成与紫砂壶同样的颜色；后来，为了观赏汤色，又在杯中涂了一层白釉。

今天，工夫茶具逐渐简化为四件，分别为孟臣壶、若琛杯、玉书煨、汕头风炉，称为"烹茶四宝"。乌龙茶冲泡以潮汕工夫茶、闽南工夫茶以及台湾地区乌龙茶泡法为代表。

潮汕工夫茶

备器。准备烧水炉具，即风火炉，用于生火煮水。风火炉多用红泥或紫泥制成，为方便快捷，也可用电热壶替代。另，挑选盖碗或紫砂小壶。潮汕工夫茶多选用凤凰水仙系茶品，条索粗大挺直，宜用大肚开口的盖碗冲泡。品茗杯即若琛杯。传统潮汕工夫茶多选用薄胎白瓷小杯，杯子只有半个乒乓球大小。茶承，用来陈放盖碗和品茗的工具，分上下两层，上层是一个有孔的盘，下层为钵形水缸，用来盛接泡茶时的废水。

温具。泡茶前，先用开水壶向盖碗中注入沸水，斜盖碗盖，右手从盖碗上方握住碗身，将开水从碗盖与碗身的缝隙中倒入一字排开的品茗杯里。

赏茶。取出适量茶叶至赏茶盘，欣赏茶的外形和香气。

置茶。将碗盖斜搁于碗托上，拨取适量茶叶入盖碗。

冲水。用开水壶向碗中冲入沸水，冲水时，水柱从高处直冲而入，要一气呵成，不可断续。水要冲至九分满，茶汤中有白色泡沫浮出，用拇指、中指捏住盖钮，食指抵住钮面，拿起碗盖，由外向内沿水平方向刮去泡沫。第一次冲水后，15秒内要将茶汤倒出，即温润泡，可以将茶叶表面的灰尘洗去，同时让茶叶有一个舒展的过程。倒水时，应将碗盖斜搁于碗身上，从碗盖和碗身的缝隙中将洗茶水倒入茶承。然后便是正式冲泡，仍以高冲的方式将开水注入盖碗中。如产生泡沫，需用碗盖刮去后加盖保香。接着是洗杯。用拇指、食指捏住杯口，中指托底沿，将品茗杯侧立，浸入另一只装满沸水的品茗杯中，用食指轻拨杯身，使杯子向内转三周，均匀受热，并洁净杯子，最后一只杯子在手中晃动数下，将开水倒掉即可。

第一泡茶，经1分钟即可斟茶。斟茶时，盖碗应尽量靠近品茗杯，俗称低斟，可以防止茶汤香气和热量散失。倾茶入杯时，从斜置的碗盖和碗身的缝隙中倒出茶汤，并在一字排开的品茗杯中来回轮转，通常需反复2~3次才能将茶杯斟满，该式称为"关公巡城"。茶汤倾毕，尚有余滴，须尽数滴入各人茶杯，称为"韩信点兵"。采用这样的斟茶法，可使各杯中的茶汤浓淡一致。

潮汕工夫茶艺之"关公巡城"

闽南工夫茶

冲泡之前，先要煮水。在等候水煮沸期间可将一应茶具取出放好，如紫砂小壶、品茗杯、茶船等。

洁具。用开水壶向紫砂壶注入开水，提起壶在手中摇晃数下，然后依次倒入品茗杯中，这一步也称"温壶烫盏"。温壶又叫"孟臣淋霖"，不光要往壶内注入沸水，还要浇淋壶身，这样才能使壶体充分受热，温壶彻底。烫盏也有讲究。茶杯要排放在茶船中。依次注满沸水后，将一只杯子的水倒出，然后以中指托住杯底，用拇指来将杯子转动360度，在盛满沸水的杯子中烫洗杯沿，既消了毒，又烫了杯。其余各杯均以此法依次烫好备用。

置茶。拨取茶叶入壶，也称"乌龙入宫"。放茶叶入壶之前，可先观赏乌龙干茶的色泽、形状，闻其香味。投茶有一定顺序，需用茶针分开茶的粗叶、细叶以及碎叶。先放茶末、碎叶，再投粗叶在其上，最后将较匀称的叶子放在最上面。这样做可以防止茶的碎末或粗条堵塞茶壶嘴，使茶汤不能畅流。

洗茶。用开水壶以高冲的方式冲入小壶，直至水满壶口，用壶盖由外向内、轻轻地刮去茶汤表面的泡沫，盖上壶盖后，立即将洗茶水倒入废水盂。

正式冲泡时用开水壶再次高冲，并上下起伏以"凤凰三点头"之式将紫砂壶注满，如产生泡沫，仍要用壶盖刮去，为"春风拂面"。然后，盖上壶盖保香。用开水均匀地淋在壶身上，可以避免紫砂壶内热气快速散失，同时可以消除沾在壶外的茶沫。浸泡约1分钟后，用右手食指轻按壶顶盖，用拇指与中指提紧壶把，将壶提起，沿茶船四边运行一周，这叫"游山玩水"。这一举措的目的是避免壶底的水滴落到杯中，使壶底的水先落到茶船里。将壶口尽量靠近品茗杯，把泡好的茶汤循环注入茶杯中。将壶中剩余茶汁，一滴一滴分别点入各茶杯中。杯中茶汤以七分满为宜。

注意，斟第二道茶之前仍要烫盏，将杯子用开水烫后再斟茶，以免因杯凉而影响茶的色香味。以后再斟，同样如此。

闽南工夫茶艺之『乌龙入宫』

157

中国台湾地区乌龙茶冲泡

20世纪80年代以后，在潮州、闽南工夫茶的基础上，中国台湾地区进行了一系列改革，创造出了独具特色的中国台式乌龙茶泡法。中国台式乌龙茶与潮汕工夫茶的最主要的区别在于茶器上的改革，即中国台式乌龙茶在原有工夫茶的基础上，增加了闻香杯，与每个若琛杯配套使用。闻香杯杯体又细又高，将茶汤散发出来的香气拢住，使香味变得更浓烈，更容易让人闻到。

除闻香杯之外，中国台式乌龙茶还发明了茶盅，即公道杯。用茶壶泡好茶之后，在斟入若琛杯之前，需将茶壶中的茶汤先注入公道杯，再从公道杯中将茶汤倒入各若琛杯中。这样能使倒入每一杯中的茶汤浓度均匀，体现出平等的茶道精神。

闻香杯与公道杯的发明，使工夫茶的冲泡过程有了一定的改变。具体过程如下：

准备茶器。用茶盘陈放泡茶器具。茶盘一般由木或竹制成，分上、下两层，废水可以通过上层的箅子流入下层的水盘中。紫砂壶，可根据品茶人数，选择容量适宜的壶，如2人壶、4人壶等，公道杯、闻香杯、若琛杯等亦是如此。摆放好茶具后，将茶壶与公道杯并列放置在茶盘上，闻香杯与若琛杯应对应并列而立。

温壶烫盏。将开水注入紫砂壶和公道杯中，持壶摇晃数下，以循环往复的方式把开水注入闻香杯和若琛杯中，再把杯中水倒入茶盘。

取出茶叶。可先观赏片刻，再投入茶壶中。

洗茶。将沸水注入茶壶中，注满后盖上壶盖，淋去溢出的浮沫。

正式冲泡时仍以"凤凰三点头"之式将茶壶注满，用壶盖从外向内轻轻刮去水面的泡沫，再用开水均匀淋在壶的外壁上。静候1分钟后，将茶汤注入公道杯中。趁茶壶犹烫，需尽快冲入开水泡茶。依次将闻香杯和若琛杯中的烫杯水倒掉，并一对对地放在杯垫上，闻香杯在左，若琛杯在右。杯身上若有图案或分正反面，应将有图案的一面或正面朝向客人。

将公道杯中的茶汤均匀注入各个闻香杯中，都斟满后，把若琛杯倒扣过来，盖在闻香杯上。接着再依次把扣合的杯子翻转过来，以若琛杯在下，闻香杯在上。品茶时，先将闻香杯中的茶汤轻轻旋转倒入若琛杯，使闻香杯内壁均匀留有茶香，送至鼻端闻香。也可转动闻香杯，使杯中香气得到最充分的挥发。而后，用拇指、食指握住若琛杯的杯沿，并用中指托杯底，以"三龙护鼎"之式执若琛杯品饮。

　　另外，冲泡乌龙茶时，第一泡后要逐渐增加冲泡的时间，这样才能使茶的有效物质完全浸出。

闻香杯

饮杯

中国台式茶冻

　　中国台式茶冻是一种风味独特的清凉点心。将粗老茶的茶末与茶梗碾成茶粉，掺以洋菜粉、海藻粉等辅料，经过特殊工艺制作而成。中国台式茶冻吃起来甘香却不甜腻，是老年人及小孩十分喜爱的食品。茶冻的色泽根据原料茶叶颜色的不同而有一定差异，例如以乌龙茶为原料制成的茶冻呈橙红色。

七 之 事

茶茗久服，令人有力、悦志。

原　文

三皇[①]：炎帝神农氏。

周：鲁周公旦，齐相晏婴。

汉：仙人丹丘子，黄山君[②]，司马文园令相如，扬执戟雄。

吴：归命侯[③]，韦太傅弘嗣[④]。

注　释

①三皇：上古传说中的三位帝王，历来说法不一，常见的说法有伏羲、神农和燧人。

②黄山君：传说中的人物。

③归命侯：指三国时吴国皇帝孙皓，降晋后被封为归命侯。

④韦太傅弘嗣：指三国时吴国韦曜，曾经担任太傅职位。

译　文

三皇时期：炎帝神农氏。

周朝：鲁国周公姬旦，齐国国相晏婴。

汉朝：仙人丹丘子，黄山君，孝文园令司马相如，执戟郎扬雄。

三国时期吴国：归命侯孙皓，太傅韦曜。

解　读

中国是茶的故乡，也是有史记载最早采制和饮用茶的国家。唐朝以前的饮茶史，有文献记载的，可追溯至周朝。至于"神农尝百草，日遇七十二毒，得茶而解之"，这仅仅是一种传说，实际情况并不可考。这种被普遍接受的说法，表明中华民族很早以前就已认识茶，并且最初将其视为一种药草。

自西汉起，素以炼丹养命为追求的道人也与茶结下了不解的缘分。丹丘子是汉朝修道成仙的传说人物。唐朝诗僧皎然有诗《饮茶歌诮崔石使君》云："孰知茶道全尔真，唯有丹丘得如此。"可见，丹丘子在唐朝时被认为是深谙茶道的仙人。丹丘，是地名，吴觉农在《茶经述评》中考证称丹丘是今浙江省宁海县天台山的支脉。后世则将"丹丘"作为神仙居处的通称，并不指明具体方位，就像人们常以"蓬莱"指代仙境一般，丹丘子也便成了修仙道人的统称。

黄山君，汉朝道人，相传他是居住在黄山的地仙。南朝陶弘景在《杂录》中记载："苦茶轻身换骨，昔丹丘子、黄山君服之。"在古人留下的只言片语中，茶成了道人修炼的辅助工具。轻身换骨以通灵，这是从物质层面进到精神层面，体现了天人感应的认知模式。

茶，何以与道人、仙家紧密相连？只要想想二者的出处便能明白一二。自古，高山云雾出好茶。在人们的想象中，这样的好地方往往有神仙出没，想要修仙的道人，也乐于亲近这等清静之所。"海是龙世界，云是鹤家乡"描述的正是如此。巧的是，丹丘子所在的天台山与黄山君所在的黄山都是出产好茶的地方。天台山云雾茶和黄山毛峰同属我国历史名茶，是品饮绿茶的上佳选择。由此可见，即便是传说，也是基于一定的合理性而被创造出来的。

黄山君

原 文

晋：惠帝①，刘司空琨，琨兄子兖州刺史演②，张黄门孟阳，傅司隶咸③，江洗马统④，孙参军楚⑤，左记室太冲，陆吴兴纳，纳兄子会稽内史俶，谢冠军安石，郭弘农璞，桓扬州温⑥，杜舍人育，武康小山寺释法瑶⑦，沛国夏侯恺，余姚虞洪，北地傅巽，丹阳弘君举，乐安任育长⑧，宣城秦精，敦煌单道开⑨，剡县陈务妻，广陵老姥，河内山谦之⑩。

注 释

①惠帝：晋惠帝司马衷，西晋的第二位皇帝，晋武帝司马炎嫡次子。

②琨兄子兖州刺史演：西晋刘演，字始仁，是刘琨的侄子，曾任兖州刺史。

③傅司隶咸：傅咸，字长虞，西晋文学家。曾任司隶校尉等职。

④江洗马统：江统，字应元。曾任太子洗（xiǎn）马。

⑤孙参军楚：孙楚，字子荆，西晋文学家。孙楚曾任镇东将军石苞的参军。

⑥桓扬州温：桓温，字元子，谯国龙亢（今安徽怀远）人。桓温官至大司马，曾任荆州刺史、扬州牧等职。

⑦释法瑶：南朝宋时的高僧。

⑧乐安任育长：晋人任瞻，名士，字育长，乐安（今山东博兴）人。

⑨敦煌单道开：单道开，东晋十六国时期僧人。据《高僧传》卷九等载，单道开俗姓孟，敦煌人。

⑩河内山谦之：山谦之，南朝宋河内郡（今河南沁阳）人，曾撰写《宋书》。

译 文

晋朝：晋惠帝司马衷，司空刘琨，刘琨的侄子兖州刺史刘演，黄门侍郎张载，司隶校尉傅咸，太子洗马江统，参军孙楚，记室左思，吴兴陆纳，陆纳的侄子会稽内史陆俶，冠军将军谢安，弘农太守郭璞，扬州牧桓温，中书舍人杜育，武康小山寺释法瑶，沛国夏侯恺，余姚虞洪，北地傅巽，丹阳弘君举，乐安任瞻，宣城秦精，敦煌单道开，剡县陈务妻，广陵老姥，河内山谦之。

在晋朝，清谈之风盛行。清谈家终日坐谈，手边有酒，也有茶。酒性奢，纵情肆意；茶性俭，收敛克制。酒与茶调剂着不同阶层人的生活，成为两晋乱世的文化符号。

　　晋惠帝时，茶为国礼，得到皇室敬重。街巷市集，也常见茶摊、茶肆。文人们的创作中开始频频出现茶的身影。西晋文学家孙楚的《出歌》是一首涉茶诗，有"姜桂茶荈出巴蜀"一句。与孙楚同时期的杜育，则留下了茶史上颇为著名的《荈赋》。

　　《荈赋》完整记录了茶叶从种植到品饮的全过程，篇幅虽短，却涵盖了茶事的诸多方面。其中，"灵山惟岳"讲的是出产好茶的生态环境。"弥谷被岗"描述了人工种茶，茶树遍布山谷的情形，我们不难由此推想晋时饮茶风气的流行。然后，取水备器、煮饮赏鉴，每一个步骤都流露出特有的美感，这是晋朝人的生活美学。

　　陆羽的《茶经》曾多次提到杜育及其《荈赋》。从《茶经》的体例及侧重点来看，这篇短小的茶赋的确给了陆羽不少启发。

春日茶亭

原 文

后魏^①：琅琊王肃^②。

宋^③：新安王子鸾，鸾兄豫章王子尚^④，鲍照妹令晖^⑤，八公山沙门昙济^⑥。

齐^⑦：世祖武帝^⑧。

梁^⑨：刘廷尉^⑩，陶先生弘景^⑪。

皇朝^⑫：徐英公勣^⑬。

注 释

①后魏：即鲜卑族拓跋珪建立的北魏政权。为区别之前的曹魏政权，故有此称。

②王肃：字恭懿。东晋丞相王导的后人。

③宋：元熙二年（420年），东晋大将刘裕代晋称帝，定都建康（今江苏南京），国号宋。南朝宋是南北朝时期南朝的第一个朝代。

④新安王子鸾，鸾兄豫章王子尚：二人皆为南朝宋孝武帝刘骏之子。

⑤鲍照妹令晖：南朝时著名文学家鲍照之妹，南朝宋女诗人。

⑥八公山沙门昙济：沙门，出家的佛教徒的总称。昙济，南朝宋名僧。

⑦齐：升明三年（479年），萧道成取代刘宋所建立，定都建康（今江苏南京），国号齐，史称南齐，又称萧齐。

⑧世祖武帝：南朝齐的第二位皇帝，卒谥武帝，庙号世祖。

⑨梁：天监元年（502年），萧衍取代南齐而建立，定都建康（今江苏南京）国号梁，又称萧梁。

⑩刘廷尉：曾任太子仆兼廷尉卿。

⑪陶先生弘景：陶弘景，字通明，南朝著名文学家、医药家，著有《本草经集注》《肘后百一方》等。

⑫皇朝：指唐朝。

⑬徐英公勣：李勣，唐朝开国功臣，原名徐世勣，赐姓李，为避讳，改称李勣，后被封为英国公。

译 文

后魏：琅琊王肃。

南朝宋：新安王刘子鸾，刘子鸾的兄长豫章王刘子尚，鲍照的妹妹鲍令晖，八公山的僧人昙济。

南朝齐：世祖武帝萧赜。

南朝梁：廷尉刘孝绰，陶弘景。

唐朝：英国公徐勣。

解 读

南北朝至唐朝，好饮茶、看重茶的历史人物虽不如晋时多，却各有特点。齐武帝萧赜当政，提倡节俭，临终时在遗诏中声明"以茶为祭"，避免牲祭。这就牵涉到我国"无茶不在丧"的传统祭仪。

以茶为祭，可祭祖、祭鬼神。茶还可以用作丧葬祭品，分为茶水祭、干茶祭，以及以茶壶、茶盅作为象征物的祭祀。我国民间又有"三茶六酒"的祭祀习俗，即以三杯茶和六杯酒作为丧葬祭品。

茶并非达官显贵所专有，在民间也容易获得。以茶为祭，是古人事死如事生的一个侧面表现。南朝时的志怪小说集《异苑》中也有剡县陈务妻以茗茶祀古冢得好报的故事。唐宋时期，茶祭风俗已经十分普遍。

古人是很有情趣的，即便是祭祀这样严肃哀戚的事情，也能侍弄得赏心悦目，因而有了"清供"的传统。每逢年节，特别是岁朝、端午、中秋、重阳等节日，人们便会在家里摆上清雅的茶花蔬果、杯盏瓯瓶，一则表虔敬怀念之意，二来也能清心爽神。后来，又衍生出文房清供等不以祭祀为主旨的形式。

清供

《神农食经》^①：荼茗久服，令人有力、悦志^②。

周公《尔雅》：槚，苦荼。

《广雅》^③云：荆巴间采叶作饼，叶老者，饼成，以米膏^④出之。欲煮茗饮，先炙令赤色，捣末，置瓷器中，以汤浇覆之，用葱、姜、橘子笔^⑤之。其饮醒酒，令人不眠。

《晏子春秋》：婴相^⑥齐景公时，食脱粟^⑦之饭，炙三弋五卵^⑧、茗菜^⑨而已。

注 释

①《神农食经》：大约成书于汉朝，并不是神农或与他同时代的人写的，可信度不高。

②悦志：心情愉悦。

③《广雅》：我国最早的一部百科词典，是仿照《尔雅》体裁编撰而成的一部训诂学汇编，相当于《尔雅》的续集。作者为三国魏人张揖。

④米膏：米糊。

⑤笔（mào）：搅拌。

⑥相：帮助，辅助。这里指做国相辅佐君王。

⑦脱粟：指脱去壳皮之粗米，泛指粗粮。

⑧三弋五卵：几样烤好的禽鸟、蛋。弋，禽类。卵，禽蛋。三、五为虚数词，表示数个。

⑨茗菜：《晏子春秋》该段原为："炙三弋、五卵、苔菜耳矣。"陆羽引文似有误，应为苔菜，而不是茗菜。

译 文

《神农食经》记载：长期饮茶，可使人有气力、心情愉悦。

周公《尔雅》记载：槚，就是苦荼。

《广雅》中说：荆州、巴州一带采摘茶叶做茶饼，叶子已经长老的，制作茶饼时，可以加些米糊。如果想要煮茶喝，应该先烤好茶饼，使它呈现出红色，然后再将它捣成碎末放入瓷器当中，用开水冲泡，还可以放些葱、姜、橘子加

茶经 ○ 卷 下

以搅拌。饮茶可以醒酒，也可以使人难以入睡。

《晏子春秋》中记载：晏婴在做齐景公的国相时，吃粗粮及几样烤好的禽鸟、蛋，还有茗菜。

解 读

从这一段起，陆羽开始罗列与茶相关的史料。

《神农食经》传说为炎帝神农所撰，实为西汉儒生托名神农氏而作，已佚。这本书总结了历代医学经验，是一本具有民间传说色彩的医书。书上说，经常"服"茶，能强身健体，还可愉悦心情。这是将茶当成了药饮。

《广雅》相当于《尔雅》的续篇，也是一部百科词典，成书于三国魏时。其中收录的有关茶的词条，表明当时荆巴地区，即今湖北、四川等地，惯以茶作为羹饮。茶羹最早始于何时，没有人能说得清，不过史书上有晏子食茗菜的记载。后人推断，这里的茗菜许是以茶作为羹的一道菜。就是说，春秋时期，茶或许就有了羹饮的用途。

有意思的是，汉朝时中原地区出现了"擂茶"。这是一种比羹饮更浓稠的茶粥，又名三生汤。它以生茶叶、生大米、生姜为底，任意加入花生、芝麻、绿豆、食盐、山苍子等辅料，用擂钵捣烂成糊状，冲开水调匀，用于充饥，是广东汕尾地区流行的民间小吃。

明朝起，随着制茶工艺的进步与发展，饮茶兴盛，清饮成了饮茶的主要形式。茶的本味逐渐成为人们追求的方向。茶，生熟随需，雅俗共赏，无愧于"嘉木"的美名。

晏子食茗菜

原 文

　　司马相如《凡将篇》：乌喙①，桔梗，芫华②，款冬，贝母③，木蘗④，萎，芩草⑤，芍药，桂，漏芦⑥，蜚廉⑦，雚菌⑧，荈诧，白敛⑨，白芷，菖蒲，芒消⑩，莞椒，茱萸。

　　《方言》：蜀西南人谓茶曰蔎。

注 释

　　①乌喙（huì）：中药附子。

　　②芫（yuán）华：花蕾可入药。

　　③贝母：多年生草本植物。鳞茎可入药，有止咳祛痰等作用。

　　④木蘗（bò）：亦作黄柏、黄蘗。树皮可入药，有清热、解毒等作用。

　　⑤芩（qín）草：多年生草本植物。可入药，有清热祛湿等作用。

　　⑥漏芦：又名野兰。根及根状茎入药，有清热、解毒、排脓、消肿等作用。

　　⑦蜚廉：飞廉。二年或多年生草本植物，有散瘀止血、清热利湿等作用。

　　⑧雚（huán）菌：一种菌类植物，可入药。

　　⑨白敛：即白蔹。根入药，主治痈肿等症。

　　⑩芒消：亦称芒硝，即硫酸钠，作为药物可治疗肠胃实热积滞。

译 文

　　西汉司马相如的《凡将篇》在药物类的记载有：乌喙、桔梗、芫华、款冬、贝母、木蘗、萎、芩草、芍药、桂、漏芦、蜚廉、雚菌、荈诧、白蔹、白芷、菖蒲、芒消、莞椒、茱萸。

　　《方言》里说：蜀地西南部的人把茶叫作"蔎"。

解 读

　　陆羽曾参与编纂唐时的一部大型"类书"——《韵海镜源》，这是一部内容宏富的资料性书籍。在辑录过程中，陆羽曾有机会接触到《凡将篇》《方言》等当时流传并不广的书。

茶经 ◎ 卷 下

茶寄生——"螃蟹脚"

《凡将篇》用于识字，其功能相当于《千字文》，现已失传。书中，"荈诧"被归为药草一类，今人认为它是"茶寄生"，即一种寄生在茶树上的植物。云南一带的老茶树上也寄生着一种名叫"螃蟹脚"的植物，"螃蟹脚"状似螃蟹的脚，闻起来有股梅子香，冲饮后回甘很好，人们称它为"茶精""茸茸"，性寒凉，具有一定的药用价值。

《方言》为西汉扬雄所著，顾名思义是一部关于各地方言的专著。"蜀西南人谓茶曰蔎"并不是出自《方言》，而是出自晋朝郭璞《方言注》中的一句注解。这里，陆羽犯了个小错误。

原 文

《吴志·韦曜传》：孙皓每飨宴[1]，坐席无不率以七胜[2]为限，虽不尽入口，皆浇灌取尽。曜饮酒不过二升，皓初礼异，密[3]赐茶荈以代酒。

注 释

①飨（xiǎng）宴：宴饮。飨，设宴待客。
②胜：通"升"。
③密：隐秘，暗地里。

译 文

《三国志·吴书·韦曜传》里说：孙皓每次设宴，都要求每人至少饮酒七升，即便不喝完，也必须酌取完。韦曜的酒量不到二升，孙皓因为当初非常敬重他，所以暗地里赐茶给他，让他以茶代酒。

解 读

"以茶代酒"现已成为不胜酒力者在应对中的一句礼貌性用语，歉意之中又饱含着情谊。有时，一个人未必喝的是茶，只是不喝酒罢了。"以茶代酒"起于三国吴时。

那时，高高在上的孙皓十分欣赏韦曜的才学，知道他酒量浅，便赐茶代酒，使韦曜的待遇与一般臣属不同。这是美谈。不料，后来韦曜因修史直书而得罪孙皓，不幸被杀。由此可知，孙皓虽惜才，却有一定的限度。

以茶代酒

《晋中兴书》：陆纳为吴兴太守时，卫将军谢安尝欲诣①纳，《晋书》云：纳为吏部尚书。纳兄子俶怪纳无所备，不敢问之，乃私蓄十数人馔②。安既至，所设唯茶果而已。俶遂陈③盛馔，珍羞④必具。及安去，纳杖俶四十，云："汝既不能光益⑤叔父，奈何秽吾素业⑥？"

《晋书》：桓温为扬州牧，性俭，每宴饮，唯下七奠柈茶果而已⑦。

注 释

①诣：到，去某人处拜访。

②馔（zhuàn）：饭食。

③陈：摆放。

④珍羞：亦作"珍馐"。指美味的佳肴。

⑤光益：增添光彩。

⑥素业：指清白的操守。

⑦唯下七奠柈（pán）茶果而已：只会摆出七盘茶食、果品来招待客人罢了。下，摆出。奠，同"饤（dìng）"，此处指用于盘碗计数的量词。柈，同"盘"，盘子。

译 文

《晋中兴书》中记载：陆纳在担任吴兴太守的时候，卫将军谢安曾想去拜访他，《晋书》中记载：陆纳为吏部尚书。陆纳的侄子陆俶奇怪陆纳什么也不准备，但又不敢当面问他，所以自己便准备了能够招待十多人的菜肴。等谢安来后，陆纳只摆出简单的果品和茶来招待他。于是，陆俶摆上自己提前准备好的菜肴，菜肴很丰富，几乎包含了所有的美味佳肴。等到谢安离开后，陆纳打了陆俶四十棍，说："你既然无法给我增加光彩，为什么还要去破坏我清白的操守呢？"

《晋书》记载：桓温做扬州太守的时候，很节俭，每次举办宴会，只会摆出七盘茶食、果品来招待客人罢了。

解　读

晋朝的这两则故事都将茶与"俭德"联系在一起。为官者清茶简蔬，代表清廉，历来如此。然而，晋人的尚俭好茶，却另藏隐痛。

其时，战事频仍，乱象纷沓，显贵们愈乱愈奢。在黑暗势力的裹挟下，有心无力的士人很多。他们不愿同流合污，眼见朝局一日不如一日，渐渐心灰意冷，最后只好寄情山水，与茶为伴，我们所熟悉的东晋诗人陶渊明就是这些士人中的一个。

园林艺术中，有个术语叫作"隐息空间"，它是指闹中取静、提供短暂休息的一小块区域。茶在当时生活中所扮演的，大抵就是这样的角色。茶为人们提供了休整身心的庇护，一部分人则视其为重新振奋的起点。

陆纳杖侄

茶经 ○ 七之事

原 文

《搜神记》：夏侯恺因疾死。宗人[1]字苟奴察见鬼神，见恺来收[2]马，并病其妻。著平上帻[3]、单衣，入坐生时西壁大床，就人觅茶饮。

刘琨《与兄子南兖州刺史演书》云：前得安州干姜一斤，桂一斤，黄芩[4]一斤，皆所须也。吾体中愦闷[5]，常仰真茶，汝可置[6]之。

傅咸《司隶教》[7]曰：闻南方有蜀妪[8]作茶粥卖，为廉事[9]打破其器具，又卖饼于市。而禁茶粥以困蜀姥，何哉？

《神异记》：余姚人虞洪，入山采茗，遇一道士，牵三青牛，引洪至瀑布山，曰："予，丹丘子也。闻子善具饮，常思见惠[10]。山中有大茗，可以相给。祈子他日有瓯牺之余，乞相遗[11]也。"因立奠祀。后常令家人入山，获大茗焉。

注 释

①宗人：同宗族的人。

②收：收回。这里指夏侯恺取走他的马。

③平上帻（zé）：亦称"平巾帻"。魏晋以来武官所戴的一种平顶头巾。

④黄芩（qín）：多年生草本植物。根黄色，中医用来清凉解热。

⑤愦（kuì）闷：烦闷。

⑥置：购买，置办。

⑦《司隶教》：司隶校尉发布的指令。司隶校尉为执掌律令、举察京师百官的官职。教，古代上级对下级的一种文书。

⑧妪（yù）：老妇人。

⑨廉事：不详，推断其应为管理市场的官吏。

⑩惠：恩惠。

⑪遗：赠送。

译 文

《搜神记》里说：夏侯恺因染恶疾而离开了人世，同族人苟奴能看见鬼神，看到夏侯恺来牵马匹，并使他的妻子也生了病。苟奴还看见夏侯恺戴着平巾帻，穿着单衣，进屋后，坐到了他活着的时候经常坐的靠着西壁的床位上，然后向人讨茶喝。

刘琨在《与兄子南兖州刺史演书》中写道：前些日子收到了安州的一斤干姜、一斤桂和一斤黄芩，这些都是我所需要的。我心情烦乱，平日里多亏有好茶，你可以为我多置办一些。

傅咸在《司隶教》中说：听说南方蜀郡有一位老婆婆靠卖茶粥为生，廉事竟然把她用于煮茶粥的器皿给打破了，后来她在集市上卖饼。不让卖茶粥使老婆婆的生活陷入困境，这到底是怎么回事啊？

《神异记》里说：余姚人虞洪进山里采摘茶叶，碰到一位道士，牵着三头青牛。道士把虞洪领到瀑布山，然后说："我叫丹丘子。我听说你十分擅长煮茶，很想见识一下。在这山中有一棵很大的茶树，可以供你随便采摘。希望你以后能把喝不完的茶送我喝些。"虞洪因此而专门设奠祭祀，他后来经常叫家人进山，最终发现了那棵大茶树。

解 读

这里收录了两则神异故事、一封书信，以及一篇文书。

夏侯恺是东晋人，平生爱喝茶，死后也不改旧习，怕是有茶瘾。他的故事收录于干宝的《搜神记》，这是一本辑录神奇怪异故事的小说集，亦是我国志怪小说的源头。以志怪写茶瘾，恰如其分。正如酒有酒鬼，有茶瘾的不妨称为茶鬼。干宝的主业是修史，编年体史书《晋纪》是他的作品。干宝在《搜神记》中也算是为茶鬼立了一个小传。

《神异记》同样是一本神怪故事集。虞洪遇丹丘子的故事基于一个事实：余姚的瀑布山产茶。至于是否有"大茗"，则另当别论。"大茗"是指野生大茶树，一般在原始森林区，不易见到。

刘琨是西晋人，很有福气，因为他的侄子刘演懂茶，可以为他置办"真茶"——就是我们说的好茶。只不过，刘琨拿这好茶当药，用来疏解身体的烦闷。书信娓娓道来，很有小品文的意趣。

最有意思的是，西晋文学家傅咸说，南方街市允许卖饼，却不让卖茶粥。对此，他感到十分奇怪，后人也很不解。

干宝及其著作

原 文

左思《娇女诗》①：吾家有娇女，皎皎颇白皙。小字为纨素，口齿自清历。有姊字蕙芳，眉目粲如画。驰骛②翔园林，果下皆生摘。贪华风雨中，倏忽③数百适④。心为茶荈剧，吹嘘对鼎钖⑤。

注 释

①《娇女诗》：左思所写的诗。《娇女诗》描写了蕙芳、纨素两个顽皮可爱的小女孩形象。原诗共五十六句，此处为节录。

②驰骛（wù）：疾驰，奔走。此处指蹦蹦跳跳的样子。

③倏忽：顷刻间。

④适：去，往。

⑤钖（lì）：一种与鼎类似的烹饪器具。

译 文

左思在《娇女诗》里说：我家有两个娇女，长得漂亮又白皙。小女名叫纨素，口齿伶俐。长女名叫蕙芳，眉目清秀美如画。她们时常欢乐地在园林中蹦蹦跳跳，果子还未长熟就将其摘下。她们爱花儿，不管风和雨，进进出出上百次。她们看见煮茶更高兴，忙对着茶炉帮着吹气。

解 读

左思的《三都赋》在晋时曾引起"洛阳纸贵"，文采丽缛。《娇女诗》原诗篇幅较长，极富动势，两个小女孩娇憨活泼的情态跃然纸上。陆羽的选摘，组合起来也很完整，格调清新别致，体现了明显的个人风格。

诗里，小女孩着急喝茶，对着风炉吹啊吹，煞是可爱。鼎即风炉，钖原则指锅具。鼎钖在这里合指烹茶用的风炉。左思喜茶，两个小女儿自幼受到熏陶，一家子其乐融融的饮茶氛围真叫人欣羡。

此情此景不由得让人联想到，数百年后李清照与赵明诚"赌书泼茶"的情形。幸福的家庭总是相似的。

心为茶荈剧
吹嘘对鼎𨫎

原 文

张孟阳①《登成都楼诗》云：借问扬子舍②，想见长卿庐③。程卓④累千金，骄侈拟五侯⑤。门有连骑客⑥，翠带腰吴钩。鼎食随时进，百和⑦妙且殊。披林采秋橘，临江钓春鱼。黑子过龙醢⑧，果馔逾蟹蝑⑨。芳茶冠六清⑩，溢味播九区⑪。人生苟安乐，兹土聊可娱。

注 释

①张孟阳：西晋张载。《登成都楼诗》又作《登成都白菟楼诗》，原诗共三十二句，此处为节录。

②扬子舍：扬雄在成都的住宅草玄堂。扬子，西汉扬雄。舍，住所，即成都草玄堂。

③长卿庐：司马相如娶卓文君后回到成都所住的地方。长卿，西汉司马相如。庐，房舍，茅庐。

④程卓：指西汉程郑与卓王孙两大巨富之家。

⑤五侯：公、侯、伯、子、男五等诸侯，亦指同时封侯的五人。后泛指权贵之家。

⑥门有连骑客：宾客们接连骑着马到来。形容宾客盈门，且往来皆权贵。

⑦百和：形容烹调的佳肴多种多样。和，烹调。

⑧黑子过龙醢（hǎi）：黑子的美味胜过龙肉酱。黑子，不详，疑为鱼子。醢，肉酱。

⑨蟹蝑（xū）：蟹酱。

⑩六清：指六种饮料，水、浆、醴、醇、医、酏，后泛指各种饮料。

⑪九区：这里指九州，后泛指四海之内，全国。

译 文

张载在《登成都楼诗》中说：请问当年扬雄住在哪儿？司马相如的故居又是什么模样？往日的程郑、卓王孙这两大豪门，骄奢淫逸，可与王侯之家相比。他们两家的门前经常是车水马龙，宾客络绎不绝。客人们腰间系着镶玉的腰带，还佩挂着名贵的宝刀。家中有美味佳肴，百味调和，色香双绝。秋天时

茶经 ○ 卷 下

184

人们在橘园里摘橘子，春天时人们在江边悠闲垂钓。黑子的美味胜过龙肉酱，香甜的果品制成的菜肴胜过了蟹酱。饮料中能数第一的还是香茶，它以香味而闻名于天下。如果人生只是为了享受安逸快乐，那成都这个地方还是可以的。

解 读

传说，西晋文学家张载貌丑，出行时常常引得街上的顽童对他扔石子，有"投石满载"之说。《登成都楼诗》是张载入蜀探望父亲时所作，描述了当地的繁华富庶。"人生苟安乐，兹土聊可娱"，说明成都历来是人们享乐游玩的好地方。

巴蜀地区产茶，也是最早形成饮茶风尚的地区。蜀茶名扬全国，优势一直延续到中唐时期。张载认为，蜀茶之好甚至优于御制的"六清"，即宫廷中的六种名贵饮品。

成都楼风光

原 文

傅巽《七诲》：蒲桃宛柰①，齐柿燕栗，峘阳②黄梨，巫山朱橘，南中茶子，西极③石蜜④。

弘君举《食檄》：寒温⑤既毕，应下霜华之茗⑥。三爵而终，应下诸蔗、木瓜、元李、杨梅、五味、橄榄、悬豹、葵羹各一杯。

孙楚《歌》：茱萸出芳树颠，鲤鱼出洛水泉。白盐出河东，美豉出鲁渊⑦。姜、桂、茶荈出巴蜀，椒、橘、木兰出高山。蓼⑧苏⑨出沟渠，精稗⑩出中田。

注 释

①蒲桃宛柰（nài）：蒲地所产的桃和宛地所产的柰。蒲，今山西永济。宛，今河南南阳。柰，柰子，亦称"花红""沙果"。

②峘（héng）阳：即恒阳，一说为恒山之南，一说在今河北曲阳。峘，同"恒"。

③西极：西边尽头处。

④石蜜，有两种说法，一说为用甘蔗炼成的糖，一说为石洞中野蜂所酿的蜜。

⑤寒温：问寒问暖。见面时交谈的应酬话。

⑥霜华之茗：茶沫白如霜花的上好茶饮。

⑦美豉（chǐ）出鲁渊：美味的豆豉产自鲁地的湖泽。豉，一种调味品。鲁渊，指鲁地的湖泽。

⑧蓼（liǎo）：一年生或多年生草本植物，生长在水边或水中。花小，色白或浅红；叶味辛，古时常作调料。

⑨苏：即紫苏，又名桂荏，一年生草本植物，叶、茎和种子均可入药。

⑩精稗（bài）：亦称"精粺"，即精米。

译 文

傅巽在《七诲》里说：蒲地产桃子，宛地产柰子，齐地产柿子，燕地产板栗，恒阳产黄梨，巫山产红橘，南中产茶子，西极产石蜜。

弘君举在《食檄》里说：见面嘘寒问暖之后，要先请人家喝三杯浮有白沫的好茶，然后再敬上甘蔗、木瓜、元李、杨梅、五味、橄榄、悬豹、葵羹各一杯。

茶经 ○ 卷 下

孙楚在《歌》里说：茱萸长在树顶，鲤鱼产自洛水泉。白盐出于河东，美味的豆豉产于鲁地的湖泽。姜、桂、茶产于巴蜀，椒、橘、木兰产于高山上。蓼苏长在沟渠里，精米长在田地中。

解 读

南中与巴蜀是中国茶史上绕不开的两大区域。

晋朝时，南中是重要茶区，范围包括今天的四川大渡河以南，以及云南、贵州的部分地区。南中出"茶子"，即一种饼状或块状的紧压茶。如今，紧压茶仍占据当地茶叶贸易的较大份额。巴蜀地处我国西南，辖今四川中东部，以及陕南、鄂西等地。总的来说，古时西南一带是产茶的主要地区。更为重要的是，这一带也是迄今考证出的茶树原产地。

晋人待客，敬茶是重要的一环。若主人能够敬上一碗浮着雪白沫饽的香茶，这便是能让宾主尽欢的事。

茶饼与茶砖

原 文

华佗《食论》①：苦茶久食，益意思。

壶居士②《食忌》：苦茶久食，羽化③。与韭同食，令人体重。

郭璞《尔雅注》云：树小似栀子④，冬生，叶可煮羹饮。今呼早取为茶，晚取为茗，或一曰荈，蜀人名之苦茶。

《世说》⑤：任瞻，字育长。少时有令名⑥，自过江失志⑦。既下饮，问人云："此为茶？为茗？"觉人有怪色，乃自分明云："向问饮为热为冷。"

注 释

①《食论》：东汉名医华佗所作的书，现已散佚。

②壶居士：又称壶公，是道教传说中的真人之一。

③羽化：羽化登仙。道家指飞升成仙。

④栀子：常绿灌木或小乔木。春夏开花，夏秋结果，香气浓烈。果实可入药，有解热消炎的作用。

⑤《世说》：南朝宋刘义庆所著的《世说新语》。

⑥令名：美好的名声。令，美好。

⑦过江失志：过江后神志不清。过江，西晋被前赵刘聪灭掉后，司马睿南渡长江建立东晋，任瞻等西晋旧臣多渡过长江投靠东晋。失志，情志抑郁而致神志失常。

译 文

华佗在《食论》里说：坚持饮用苦茶，有助于提高思维能力。

壶居士在《食忌》里说：长期饮用苦茶，会使人身体轻盈，有飘飘欲仙之感。茶与韭菜同时食用，会使人的体重增加。

郭璞在《尔雅注》里说：矮小的茶树就像栀子，冬季茶叶不会凋谢，叶子还可以煮茶来喝。如今把早采的茶叫"茶"，晚采的茶叫"茗"，也有叫"荈"的，蜀人称其为"苦茶"。

《世说新语》里说：任瞻，字育长，年轻时名声很好，但是自从过江之后就情志抑郁而致神志失常。任瞻有一次去做客，主人给他上茶后，他问主人说：

"这是茶，还是茗？"后察觉旁边有人正用不解的眼神看着他，便忙申明说："刚才问的是茶是热的，还是冷的。"

解读

《食论》《食忌》一般认为是后人托名的作品，两本书都提到经常饮茶的好处：有益健康，有益思维。

古人分类细致，茶嫩时采的，为"茶"；成熟后采的，为"茗"或"荈"。晋人任瞻精神恍惚，分不清喝的是茶还是茗，让人看了笑话。可见，当时的士人普遍喝得出茶叶的鲜嫩度。现如今，人们不再称鲜叶等级低的茶为"茗"，"茗"的地位也有所提升。

单芽

一芽一叶

一芽二叶

一芽四叶

原 文

《续搜神记》^①：晋武帝^②世，宣城人秦精，常入武昌山采茗。遇一毛人，长丈余，引精至山下，示以丛茗而去。俄而复还，乃探怀中橘以遗精。精怖，负茗而归。

注 释

①《续搜神记》：亦称《搜神后记》，是《搜神记》的后续，两者风格相似，但故事不同。

②晋武帝：司马昭之子司马炎，晋朝开国皇帝。太熙元年（290年）病逝，谥号为"武"，史称晋武帝。

译 文

《续搜神记》里说：晋武帝时，宣城人秦精经常进武昌山里采摘茶叶。一次碰到一个毛人，约一丈多高，把秦精带到了山下，指给他一丛茶树后便离开了。过了不久，毛人又返回，从怀里掏出橘子送给秦精。秦精很害怕，连忙背了茶叶回家。

解 读

晋时的武昌并非现今武汉市的武昌区，而是鄂州的古称。武昌山为幕阜山余脉，在今湖北鄂州市境内。湖北的原始森林里也曾发现野生茶树，因而《续搜神记》中秦精采茗的神异故事也是有一定事实依据的。

2019年，人们在湖北小神农架发现了野生茶树。与云南的高乔木野生大茶树，以及福建等地的乔木、半乔木野生大茶树不同，小神农架野茶树属于灌木小叶种。当然，它的外形比我们常见的灌木茶树要大得多，树高2米开外，枝干也较粗。

茶经 ◎ 卷 下

高乔木

乔木

半乔木

灌木

原 文

《晋四王起事》：惠帝蒙尘[1]，还洛阳，黄门[2]以瓦盂盛茶上至尊。

《异苑》[3]：剡县陈务妻，少与二子寡居，好饮茶茗。以宅中有古冢，每饮，辄先祀之。二子患之，曰："古冢何知？徒以劳意！"欲掘去之，母苦禁而止。其夜，梦一人云："吾止此冢三百余年，卿二子恒欲见毁，赖相保护，又享吾佳茗，虽潜壤朽骨，岂忘翳桑之报[4]！"及晓，于庭中获钱十万，似久埋者，但贯[5]新耳。母告二子，惭之。从是祷馈愈甚。

《广陵耆老传》：晋元帝[6]时有老姥，每旦独提一器茗，往市鬻之，市人竞买。自旦至夕，其器不减。所得钱散路傍孤贫乞人，人或异之。州法曹絷之狱中[7]。至夜，老姥执所鬻茗器，从狱牖[8]中飞出。

《艺术传》[9]：敦煌人单道开，不畏寒暑，常服小石子。所服药有松、桂、蜜之气，所饮茶苏[10]而已。

注 释

①惠帝蒙尘：西晋惠帝时，皇族为争夺政权而引发的"八王之乱"，历时十六年。蒙尘，古时指皇帝被驱逐出宫廷，在外流亡。

②黄门：随侍在皇帝左右的近臣，也称黄门侍郎。

③《异苑》：南朝宋刘敬叔撰写的志怪小说集。

④翳（yì）桑之报：春秋时期，赵盾在翳桑救了快要饿死的灵辄，所以在赵盾要被晋灵公杀害时，灵辄冒死救出了赵盾。于是，"翳桑之报"就成为知恩报德的典故。翳桑，古地名。

⑤贯：穿钱的绳。

⑥晋元帝：司马睿，字景文，东晋第一位皇帝。

⑦州法曹絷（zhí）之狱中：州中掌管司法的官吏得知此事后，把她捆了起来，关进监狱。法曹，古代司法官署，亦指掌司法的官吏。絷，拴，捆，此处指拘捕。

⑧牖（yǒu）：窗户。

⑨《艺术传》：指《晋书·艺术列传》。《晋书》为唐朝的房玄龄、褚遂良等人合著。

⑩茶苏：用茶和紫苏做成的饮料，亦作"茶苏"。一说是"屠苏酒"。

译 文

《晋四王起事》中记载：西晋八王叛乱时，晋惠帝逃难到外地，当回到洛阳时，黄门侍郎就用陶钵盛了茶献给他喝。

《异苑》里说：剡县陈务的妻子，年轻时带着两个孩子守寡，十分喜欢饮茶。在她的住处中有一个古墓，她每当喝茶的时候总要先奉祭一碗。她的两个儿子对此感到不舒服，就对母亲说："古墓能知道什么呢？这不是白费工夫嘛！"于是，两个儿子想把墓挖去，他们的母亲苦苦劝说才作罢。当天夜里，陈务的妻子梦到一人对她说："我在这墓里住了三百多年，现在你的两个儿子想要把它给毁平，还好有你保护，之前你还经常拿好茶来祭奠我，虽然我现在已经化尸于地下，但又岂会知恩不报呢？"天亮后，陈务的妻子在院子里得到了十万铜钱，那些钱好像在地下埋了许久，但那穿钱的绳子是新的。陈务的妻子就把这件事告诉了她的儿子们，两个儿子都感到十分惭愧，从那以后便开始注重祭奠了。

《广陵耆老传》里说：晋元帝的时候，有一个老婆婆，每天早上，独自一人提着一罐煮好的茶，到市集上卖，市集上的人都争着去买她的茶来喝。从早上一直到晚上，那缸中的茶都没有减少。老婆婆把赚来的钱施舍给那些路旁的孤儿、穷人和乞丐，有的人对此感到很奇怪。州中掌管司法的官吏得知此事后，把她捆了起来，关进监狱。到了夜里，老婆婆手提茶罐，从监狱的窗口飞了出去。

《晋书·艺术列传》里说：敦煌人单道开，冬天不怕冷，夏天也不怕热，还经常吞服小石子。他所服的那些药有松、桂、蜜的香气，除此之外便只饮茶和紫苏做成的饮料了。

解 读

"惠帝返都"是一个政治事件，茶则见证了这一事件。给晋惠帝献茶的，一说是写《登成都楼诗》的张载，一说是才貌并举的潘安。

接下来是三则神异故事："妇人以茶祭冢得好报""老妇卖茶济困"，以及"单道开饮茶苏"。故事离奇，却反映了一个事实：晋时，民间饮茶十分普遍。

可见那时，不论在朝、在野，茶都是深受喜爱的饮品。茶既可以是达官显贵的"琴棋书画诗酒茶"，也可以是平头百姓的"柴米油盐酱醋茶"，还可以是有志于修行者的"禅茶一味"。

茶经 · 七之事

惠帝返都，黄门献茶

原 文

释道说①《续名僧传》：宋释法瑶，姓杨氏，河东人。元嘉②中过江，遇沈台真③，请真君武康小山寺。年垂悬车④，饭所饮茶。大明⑤中，敕吴兴礼致上京，年七十九。

宋《江氏家传》：江统，字应元，迁愍怀太子洗马⑥，尝上疏，谏云："今西园卖醯⑦、面、蓝子、菜、茶之属，亏败国体⑧。"

《宋录》：新安王子鸾、豫章王子尚诣昙济道人⑨于八公山。道人设茶茗，子尚味之，曰："此甘露也，何言茶茗？"

注 释

①释道说：疑有讹误，或为"释道悦"。道悦是隋末唐初的著名僧人。

②元嘉：南朝宋文帝年号（424—453年）。

③沈台真：沈演之，字台真。家世为将，历任吏部尚书，领太子右卫率。

④年垂悬车：指为官者年老退休。悬车，古人一般至七十岁辞官居家，废车不用。

⑤大明：南朝宋孝武帝年号（457—464年）。

⑥愍（mǐn）怀太子洗马：愍怀太子，即司马遹，晋惠帝之子，在永康元年（300年）为贾后所杀。

⑦醯（xī）：醋。

⑧国体：国家或朝廷的体统、体面。

⑨昙济道人：晋宋之际的著名僧人。

译 文

释道悦《续名僧传》里说：南朝宋的僧人法瑶，本来姓杨，是河东人。法瑶在元嘉年间过江时，遇见了沈演之，就把沈演之请到了武康的小山寺。那时的法瑶年事已高，平日以茶代饭。大明年间，皇帝下令让吴兴的官吏以大礼请法瑶进京，当时的法瑶已经七十九岁了。

宋《江氏家传》里说：江统，字应元，升职任愍怀太子洗马，曾经上疏，谏道："现在西园里卖醋、面、蓝子、菜、茶之类，有损国家的颜面。"

《宋录》中说：新安王刘子鸾、豫章王刘子尚兄弟俩曾经到八公山去拜访昙济道人。昙济道人设茶招待他们，刘子尚品过茶之后说："这简直就是甘霖啊，怎么能说是茶呢？"

解 读

禅与茶结缘一事由来已久，南朝宋时的僧人释法瑶对此有很大贡献。而后，禅茶一脉在隔水相望的日本生根发芽。

唐朝时，日本僧人来华，将茶种带回国。当时一并带走的，还有我国寺院甚为流行的"供茶""施茶"等方法。13世纪，大约在宋朝时，荣西和尚两度来华，回国后开辟茶园，推动了当地"抹茶"的普及。抹茶的点茶手法，承自宋朝的龙凤团茶点茶法。15世纪，僧人村田珠光将禅法融入茶事，开创了以自然、朴素为宗的"草庵茶风"，被誉为日本茶道的开山鼻祖。

16世纪，日本茶道的灵魂人物——千利休对日本茶道进行了全方位的参研与完善，提出了"和、敬、清、寂"的核心精神，将园林、建筑、书画、雕刻、陶瓷、漆艺、竹艺、插花、纺织、礼仪，以及饮食等融入茶事，形成了综合立体的文化艺术体系。

至此，"禅茶一味"的茶道精神，脱去了宗教的外衣，甚至跳出了"茶圈"，逐渐演变成为日本社会至今奉行的"日用美学"。

日本茶室

原 文

王微《杂诗》：寂寂掩高阁，寥寥空广厦。待君竟不归，收领今就槚[①]。

鲍照妹令晖著《香茗赋》。

南齐世祖武皇帝[②]遗诏：我灵座[③]上慎勿以牲为祭，但设饼果、茶饮、干饭、酒脯而已。

梁刘孝绰《谢晋安王饷米等启》[④]：传诏李孟孙宣教旨[⑤]，垂赐米、酒、瓜、笋、菹、脯、酢、茗八种[⑥]。气苾新城，味芳云松[⑦]；江潭抽节，迈昌荇之珍[⑧]；疆埸擢翘，越葺精之美[⑨]。羞非纯束野麏，裹似雪之驴[⑩]；鲊[⑪]异陶瓶河鲤，操如琼之粲[⑫]。茗同食粲，酢类望柑。免千里宿舂，省三月种聚[⑬]。小人怀惠，大懿难忘。

注 释

①收领今就槚：只得饮茶来消愁。收领，疑为"收颜"之误。就槚，有两种说法，一说为去饮茶，一说为去死。此处取饮茶意。

②南齐世祖武皇帝：指萧赜。

③灵座：灵位。

④梁刘孝绰《谢晋安王饷米等启》：刘孝绰，本名刘冉，字孝绰。晋安王，简文帝萧纲。饷，馈赠。

⑤传诏李孟孙宣教旨：传诏官员李孟孙宣示了您的告谕。传诏，官名，职责是传达诏命。教旨，上对下的告谕。

⑥垂赐米、酒、瓜、笋、菹（zū）、脯、酢（cù）、茗八种：赏赐给我米、酒、瓜、笋、菹、脯、酢、茗八种食品。垂赐，上对下的赏赐。菹，腌菜。酢，同"醋"。

⑦气苾（bì）新城，味芳云松：这里形容米香酒醇。苾，芳香。

⑧江潭抽节，迈昌荇之珍：这里形容竹笋、菹美味。迈，越过，超过。昌，通"菖"，即菖蒲。荇，荇菜。

⑨疆埸（yì）擢翘，越葺精之美：这里形容田园里的农作物非常好。疆埸，田边地界。大的叫疆，小的叫埸。擢，拔，抽。翘，出众，出挑。葺精，加倍的好。

⑩羞非纯（tún）束野麕（jūn），裛（yì）似雪之驴：赠送的肉脯，虽然不是白茅包扎的獐鹿肉，却是精心包装的雪白干肉脯。羞，珍馐。纯束，捆扎。裛，缠绕。

⑪鲊（zhǎ）：盐腌的鱼。

⑫操如琼之粲：操，拿，抓。粲，精米，上等的米。

⑬免千里宿舂，省三月种聚：形容赏赐的食物很多，够吃好几个月了。化用《逍遥游》"适百里者宿舂粮，适千里者三月聚粮"之句。

译文

王微在《杂诗》里说：关上那高阁的门，四周一片寂静。大厦空荡荡的，十分冷清。我在等着你，你却迟迟未归，我只能饮茶来消愁。

鲍照的妹妹鲍令晖写了篇《香茗赋》。

南齐世祖武皇帝的遗诏里写着：在我的灵位上切忌杀牲祭奠，只要摆点饼果、茶饮、干饭、酒脯就足够了。

南朝梁刘孝绰在《谢晋安王饷米等启》中说：传诏官员李孟孙宣示了您的告谕，赏赐给我米、酒、瓜、笋、菹、脯、酢、茗八种食品。米的气味芳香，像新城米一样；酒气香美，味道是如此浓郁，犹如松树直上云霄；水边刚刚长出来的竹笋，远好过菖蒲、荇菜之类的美味珍馐；田头的瓜果，可超越那上好的美味。赠送的肉脯，虽然不是用白茅包扎的獐鹿肉，却是精心包装的雪白干肉脯；腌鱼比陶瓶养的黄河鲤鱼还要美味，大米像小玉石般晶莹圆润。茶叶十分精良，醋的酸味也好似望见柑橘的感觉。食物如此丰盛，即便我要远行千里，也不用动手准备干粮了。我会永远铭记您所给予我的这些恩惠，您的大德我永远也不会忘记。

解读

茶是孤独者的友伴，是俭德的象征，还是恩赏馈赠的佳品。鲍令晖的《香茗赋》与杜育的《荈赋》同为咏茶赋，可惜前者已经散佚。作为我国历史上为数不多的女诗人，鲍令晖留下了《客从远方来》《古意赠今人》《拟青青河畔草》等作品。她的诗受限于自身的生活半径，虽无林下之风，却有闺阁之秀。

鲍令晖闲居烹茶

原 文

陶弘景《杂录》：苦茶轻身换骨，昔丹丘子、黄山君服之。

《后魏录》：琅琊王肃，仕南朝①，好茗饮、莼羹②。及还北地，又好羊肉、酪浆③。人或问之："茗何如④酪？"肃曰："茗不堪与酪为奴。"

《桐君录》⑤：西阳、武昌、庐江、晋陵好茗，皆东人⑥作清茗。茗有饽，饮之宜人。凡可饮之物，皆多取其叶，天门冬⑦、拔葜取根⑧，皆益人。又巴东别有真茗茶，煎饮令人不眠。俗中多煮檀叶并大皂李⑨作茶，并冷。又南方有瓜芦木，亦似茗，至苦涩，取为屑茶饮，亦可通夜不眠。煮盐人但资此饮，而交、广最重，客来先设，乃加以香芼辈⑩。

注 释

①南朝：南北朝时期，我国南方出现四个政权，即宋、齐、梁、陈。

②莼（chún）羹：莼菜做的羹。

③酪浆：牛、羊等动物的乳汁。

④何如：与……比怎么样。

⑤《桐君录》：又名《桐君采药录》，是一本药物学著作，现已散佚。

⑥东人：东家，主人。

⑦天门冬：多年生攀援草本，可入药，有润肺止咳、养阴生津的功效。

⑧拔葜（qiā）：又名金刚根、王瓜草，可入药，有祛风湿、利尿、解毒之功效。

⑨大皂李：即鼠李。果肉入药，可解热、泻下。

⑩香芼辈：各种香草佐料。辈，等，类。

译 文

陶弘景在《杂录》里说：苦茶能使人身轻体便，以前的丹丘子、黄山君都会饮用它。

《后魏录》中说：琅琊的王肃在南朝做官时，喜欢饮茶，食用以莼菜做的羹。等他回到北方以后，又喜欢上了吃羊肉、喝羊奶。有人问他："茶和奶相比，哪个更好一些？"王肃说："茶连给奶当奴仆的资格都够不上。"

《桐君录》里记载：西阳、武昌、庐江、晋陵等地的人喜欢饮茶，做东时都喜欢用茶来招待客人。茶有汤花浮沫，喝了对人有好处。凡是可以作为饮料的植物，大多数都是用它的叶子，但是天门冬、拔葜却是使用其根部，对人也有益处。此外，巴东地区有一种真正的茗茶，煮后饮用会使人兴奋得睡不着。在当地有个习俗，人们会把檀叶和大皂李叶煮来当茶饮，两者都清爽可口。另外，南方有瓜芦树，外形很像茶，味道既苦又涩，制成末状后可以当茶喝，也可以使人整晚都不睡觉。那些煮盐的人全靠喝这种饮料，交州和广州地区最喜欢这种茶饮，有客人来，就先用它来招待客人，还会在其中加入一些香草佐料。

解 读

清者上升，浊者下沉，自古通理。饮茶使人"肌骨轻""通仙灵"，这是身体清减、神清气爽的另一种表达。清茶与乳酪，哪个更好？只能说好轻清者，爱茶；喜重实者，嗜酪。

桐君是上古时期的医药鼻祖，《桐君录》为后人托名所作。在中草药大家庭里，有兴奋神经、减少睡眠作用的，并不独有茶一种。说来神奇，茶作为药饮，可醒神，却也能镇静安神。中草药的双向调节作用常常令人惊叹。

瓜芦

地理分布：云南、四川等地。

性味：苦、寒。

归经：心、肝、肺、膀胱经。

功能：清热除烦；止渴；明目。

《本草拾遗》：煮为饮，止渴明目，除烦，不睡，消痰。

《坤元录》①：辰州溆浦县西北三百五十里无射山，云蛮俗②当吉庆之时，亲族集会歌舞于山上。山多茶树。

《括地图》③：临遂县④东一百四十里有茶溪。

山谦之《吴兴记》：乌程县⑤西二十里有温山⑥，出御荈⑦。

《夷陵图经》⑧：黄牛、荆门、女观、望州等山⑨，茶茗出焉。

《永嘉图经》⑩：永嘉县东三百里有白茶山。

《淮阴图经》⑪：山阳⑫县南二十里有茶坡。

《茶陵图经》⑬云：茶陵者，所谓陵谷生茶茗焉。

注 释

①《坤元录》：古地理学专著，现已佚。

②蛮俗：蛮地风俗。

③《括地图》：记述地理博物传说，现在大部分已经佚失。

④临遂县：应作"临蒸县"，在今湖南衡阳。

⑤乌程县：唐朝吴兴郡辖地，在今浙江湖州。

⑥温山：唐朝山名，在今浙江湖州白雀乡与龙溪交界处。

⑦御荈：温山御荈，晋及南北朝时期的湖州名茶。

⑧《夷陵图经》：夷陵地方的地理著作。夷陵，在今湖北宜昌。

⑨黄牛、荆门、女观、望州等山：黄牛山，在今湖北宜昌西北。荆门山，在今湖北宜都西北、长江以南。女观山，在今湖北宜都西北。望州山，在今湖北枝城西南。

⑩《永嘉图经》：永嘉地方的地理著作。永嘉，治所在永宁县（今浙江温州）。

⑪《淮阴图经》：淮阴地方的地理著作。淮阴，在今江苏淮安一带。

⑫ 山阳：今江苏淮安。

⑬《茶陵图经》：茶陵地方的地理著作。茶陵，治所在茶陵县（今湖南茶陵）。

译 文

《坤元录》里记载：在辰州溆浦县西北三百五十里处，有个无射山，据说按照当地风俗，逢喜庆之时，亲族会聚集在山上歌舞。山上有很多茶树。

《括地图》里记载：在临蒸县往东一百四十里的地方有条茶溪。

山谦之在《吴兴记》里记载：乌程县往西二十里处有座温山，主要出产进贡的茶。

《夷陵图经》中记载：黄牛、荆门、女观、望州等山，都出产茶叶。

《永嘉图经》中记载：永嘉县以东三百里处有座白茶山。

《淮阴图经》中记载：山阳县以南二十里处有个茶坡。

《茶陵图经》中记载：茶陵这个地方，得名于"长着茶树的山陵峡谷"。

解 读

这里，陆羽收集了若干地理图志上有关茶的记载。上述地点古时都是茶叶产地。

唐朝时，贡茶得到进一步发展。除上贡以外，当时的统治者还在几大名茶产区设立了贡茶院，由官府监督制茶，以求精工细作。宋朝贡茶沿袭唐制，贡茶院设于福建建安，即今建瓯境内的北苑，"龙焙"大兴，规模很是壮观。元明时期，贡焙制逐渐衰弱。清朝时，随着商品经济的发展，贡茶制度逐渐消亡。

贡茶史上盛极一时的北苑龙焙，设在凤凰山脚，在宋朝时有二十五处茶园，主要采制片茶，即团茶或饼茶。片茶经由研膏工艺制作而成，即先蒸茶芽，再碾成膏状，最后压成茶饼，饼面当中留有小孔。待片茶焙干后，再集十余饼穿成串。研膏茶滋味苦涩、浓重，饮用时需讲究投茶量。

北苑龙焙

原 文

《本草·木部》：茗，苦茶。味甘苦，微寒，无毒。主瘘①疮②，利小便，去痰渴热，令人少睡。秋采之苦，主下气消食。注云："春采之。"

《本草·菜部》：苦菜，一名荼，一名选，一名游冬③，生益州川谷山陵道旁，凌④冬不死。三月三日采，干。注云："疑此即是今茶，一名荼，令人不眠。"《本草注》："按《诗》云'谁谓荼苦⑤'，又云'堇荼如饴⑥'，皆苦菜也。陶谓之苦茶，木类，非菜流。茗，春采谓之苦㯷。途遐反。"

《枕中方》⑦：疗积年瘘，苦茶、蜈蚣并炙，令香熟，等分，捣筛，煮甘草汤洗，以末傅⑧之。

《孺子方》⑨：疗小儿无故惊蹶⑩，以苦茶、葱须煮服之。

注 释

①瘘（lòu）：身体内发生病变，长时间不愈，脓包溃破所形成的管道。
②疮，皮肤上生出的红肿块，易溃疡。
③游冬：一种苦菜。秋冬发芽，春末夏初成熟，味苦，可入药。
④凌：超过，越过。
⑤谁谓荼苦：出自《诗经·邶风·谷风》的"谁谓荼苦，其甘如荠"。
⑥堇（jǐn）荼如饴：出自《诗经·大雅·绵》的"周原朊朊，堇荼如饴"。堇，野菜。饴，用麦芽制成的糖浆。
⑦《枕中方》：唐朝医药学家孙思邈所撰的养生书。
⑧傅：通"附"，附着。这里指涂上，搽上。
⑨《孺子方》：儿科医书。
⑩惊蹶：即惊厥，小儿高发病，属急症。表现为突然性的全身或局部肌肉抽搐，情况严重时治好后会留有后遗症。

译 文

《本草·木部》中记载：茗，就是苦茶。味道苦而有回甘，性微寒，无毒。主要治疗瘘疮，有利尿、清痰、解渴散热、使人提神少睡的功效。秋天采摘会有苦味，但能下气，帮助消化。原注说："最好在春天采摘它。"

《本草·菜部》中记载：苦菜，又叫荼、选、游冬，生长在益州的河谷中、丘陵上，以及路旁，即便是在严寒的冬天它也不会冻死。在三月三日那天采摘，然后烘干。陶弘景注释道："这可能就是现在所说的'茶'，也可称为'荼'，喝了它有助于提神。"《本草注》里说：《诗经》中的'谁谓荼苦'与'堇荼如饴'，说的都是苦菜。陶弘景说的苦荼，是木本植物，而不是菜类。茗，在春季采摘时被叫作苦槚。槚的读音为'途''遐'的反切音。"

《枕中方》里记载：治疗多年的瘘疾，可把苦荼和蜈蚣放在火上一起烤，烤熟并散发香气后，分成相等的两份，捣碎筛成粉末，一份加入甘草煮水洗患处，一份用来外敷。

《孺子方》里记载：治疗小孩不明原因的惊厥，可用苦荼和葱须煎水服用。

黑茶　　　　　　　岩茶　　　　　　　白茶

解 读

这里的《本草》即《新修本草》，它与《枕中方》《孺子方》都是唐朝时的医药典籍，三者均佚失。所幸，《新修本草》的内容保存于后世诸家所著《本草》中。

中医用药，讲究四气五味、刚柔阴阳，视人体的能量水平，进行草药的炮制、配伍，以及剂量的增减。茶作为药用植物，性微寒，味甘苦，属柔中之刚，阴中之阳。

由于现代制茶工艺的进步与多元化选择，即"炮制"手法的多样化，成品茶的性味有了一定变化，可按需调控。例如，完全发酵的黑茶、火功较重的岩茶与不炒不揉的白茶，三者的性味差异是明显的。一般而言，黑茶是下焦药，可入深层血分；岩茶药性可达中焦，作用仅在气分及轻微血分；白茶解表，是中药里的上焦药。

古话说，药食同源。茶既是药饮，也是食饮。在生活中，合理饮茶才是发挥茶之养生保健作用的前提。

北宋茶人蔡襄

　　蔡襄，字君谟，兴化仙游（今福建）人，北宋名臣，曾以龙图阁直学士、枢密院直学士、端明殿学士出任开封、泉州、杭州知府，是宋朝茶史上一个重要的人物。他精于品茗、鉴茶，是一位嗜茶如命的"茶博士"，可以称得上是一位古代的茶学家。

　　蔡襄擅书法，与苏轼、黄庭坚和米芾并称"宋四家"。据说，蔡襄作为一名书法家，每次挥毫作书必以茶为伴。欧阳修深知他爱茶，请他为自己的《集古录目序》刻石时，以大小龙团及惠山泉水作为"润笔"，蔡襄笑称"太清而不俗"。蔡襄年老时多病，需忌茶，仍"烹而玩之"，茶不离手，正是蔡襄在诗中写下的"衰病万缘皆绝虑，甘香一事未忘情"。

　　蔡襄为茶史留下了一部《茶录》，文虽不长，但自成系统。全书分为两篇，上篇论茶，下篇论茶器，对制茶用具和烹茶器具的选择，均有独到的见解。《茶录》最早记述了制作小龙团掺入香料的情况，提出了品评茶叶色、香、味的内容，介绍了品饮茶叶的方法。全书围绕"斗试"展开，是一部重要的茶艺专著，也是继陆羽的《茶经》之后最有影响的茶书。

宋朝在中国茶史上是一个重要时期，著名的龙凤茶，有"始于丁谓，成于蔡襄"之说。龙凤茶开始时一斤八饼，后来在庆历年间，蔡襄任福建转运使时，开始改造成小团，一斤有二十饼，名曰"上品龙茶"。

蔡襄善制茶，也精于品茶。宋朝官员彭乘撰写的《墨客挥犀》记载：一日，有位叫蔡叶丞的邀请蔡襄共品小龙团。二人坐了一会儿后，来了位不速之客。侍童端上小龙团茶款待两位客人，哪晓得蔡襄啜了一口便言明，茶里一定掺有大龙团。蔡叶丞闻言吃了一惊，急忙唤侍童来问。侍童原本只准备了自家主人和蔡襄的两份小龙团茶，现在突然又来了位客人，再准备就来不及了，侍童见有现成的大龙团茶，便来了个"乾坤混一"。

《茶事拾遗》中记载着蔡襄另一件鉴茶逸事：

福建能仁寺院中，有株茶树长在石缝中间。这是一株称得上优良品种的茶树，寺内和尚采制了八饼团茶，名曰"石岩白"。他们送给蔡襄四饼，另四饼密遣人到京师汴梁送给一个叫王禹玉的朝臣。过了一年多，蔡襄被召回京师任职，闲暇之际便去造访王禹玉。王禹玉见是"茶博士"蔡襄登门，便让人在茶桶中选取最好的茶来款待。蔡襄捧起茶瓯，还没有尝，就对王禹玉说："这茶极似能仁寺的'石岩白'，您怎么也有这茶？"王禹玉听了还不相信，叫人拿来茶叶上的签帖，一对照，签帖上写的果然是"石岩白"。

在当时，蔡襄在茶界具有极高的威望，精于论茶的人碰到蔡襄也都不敢吭声。即便如此，他也有落败的时候。宋朝文人江休复《嘉祐杂志》载，蔡襄曾与苏舜元斗茶。蔡襄拿出好茶，配以天下第二泉——惠山泉的水。苏舜元的茶劣于蔡襄，但他选用了竹沥水来煎茶，结果胜了蔡襄。宋朝茶人之多，造诣之深，可见一斑。

蔡襄与苏舜元斗茶

宋徽宗与《大观茶论》

赵佶即宋徽宗，在位二十五年，治国无方，却在文艺方面颇有建树。宋徽宗精通音律，擅书画，也重视网罗书画人才，收集前朝的文物和书画，还创造了"瘦金体"书法。

宋徽宗喜欢品茗，曾将自己识茶、品茶的心得撰录成书，名《大观茶论》。在这本茶论中，较为全面、细致地介绍了茶叶的栽种、采摘、蒸压、炒制等技术，以及辨别名茶、烹煎茶汤的方法、茶叶的贮存和饮茶陶冶性情的体验等 20 项内容。此外，这本书还介绍了宋朝贡茶和由此引发的"斗茶"活动。这一著作称得上是宋朝茶文化的总结，也反映了宋朝茶文化空前兴盛的繁荣景象。

茶的芬芳品味，能使人闲和宁静，感到趣味无穷。"至若茶之为物，擅瓯闽之秀气，钟山川之灵禀，祛襟涤滞，致清导和，则非庸人孺子可得而知矣。中澹闲洁，韵高致静，则非遑遽之时可得而好尚矣。"宋徽宗在《大观茶论》道出了饮茶的意境与妙处。

宋徽宗对饮茶用水也十分讲究，提出宜茶的水"以清轻甘洁为美"。国人饮茶自古有"得佳茗不易，觅美泉尤难"之说。意思是，茶好水不好，则无法体会茶的美妙。若好茶得和好水相配，就能锦上添花，品味也能更进一步。因此很多爱茶的人，为觅得一泓美泉，愿意费工夫。

饮茶要做到"器美"，也是许多人的追求。宋徽宗提倡饮茶要用黑瓷茶盏，而不用陆羽所推崇的青瓷。宋朝建窑的黑瓷因釉中铁的成分散聚不匀，烧后显出黑褐不同的色泽，形成不同的装饰效果。其中，最有名的是"兔毫"，即黑釉中显出赤褐色的毫光；"油滴"则为黑釉上出现的密集的闪银发光圆点。用这样的茶盏饮茶，想必是赏心悦目的。

茶经 卷下

建盏釉色

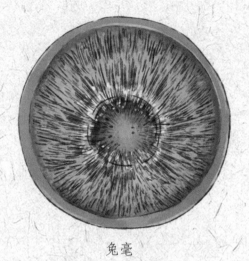

兔毫

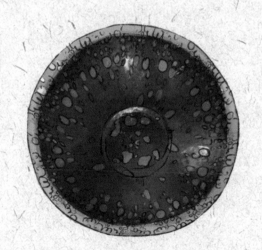

油滴

苏轼与茶

苏轼，号东坡居士，是宋朝杰出的文学家。苏轼一生仕途坎坷，却是我国历史上赫赫有名的文学大家之一。他对茶的喜爱，不仅表现在品饮上，还体现在茶树的种植、茶叶的采摘及烹茶等方面。此外，苏轼还创作了不少咏茶的诗词。

苏轼因长期流徙的贬谪生涯，足迹遍及大江南北。每到一地，他都会品尝当地名茶，诸如杭州的白云茶、江西的双井茶、四川的月兔茶、湖州的紫笋茶、广东的焦坑茶等。他曾说"从来佳茗似佳人"，由此足见，茶于苏轼，就像知己一般。

对此，司马光有些不解。一天，司马光来拜会苏轼。苏轼正在研墨，准备作诗，此时书童给司马光送上一杯香气四溢的新茶。司马光看着研墨的苏轼和几上的新茶，便问："茶越新越好，墨则是越陈越好，它们截然不同，你为什么都如此喜欢呢？"苏轼放下手中的墨，风趣地说："新茶和极品墨一样，都有一种香气，如同朋友一样。"

苏轼认为"精品厌凡泉"，就是说好茶配以好水，才能喝出好味。熙宁五年（1072 年），苏轼在杭州任通判时，曾写《求焦千之惠山泉诗》："故人怜我病，蒻笼寄新馥。欠伸北窗下，昼睡美方熟。精品厌凡泉，愿子致一斛。"这首诗记述了他向时任无锡知县焦千之索取惠山泉水泡茶的事。在《汲江煎茶》中，苏轼又写道：

> 活水还须活火烹，自临钓石取深清。
> 大瓢贮月归春瓮，小杓分江入夜瓶。
> 雪乳已翻煎处脚，松风忽作泻时声。
> 枯肠未易禁三碗，坐听荒城长短更。

这首诗中提到，烹茶的水要从钓石边的深处汲来。这样的水清澈，要用炽烈的炭火煮沸。煮水要煮到水翻滚雪乳般的气泡，发出松涛般的

茶经 ◦ 卷下

声响。只有到了这种程度，才算恰到好处。

苏轼对饮茶器具也很有讲究，觉得用定窑的兔毛花瓷和宜兴的紫砂瓷来饮茶，茶味最为纯正。他曾专程到宜兴去考察宜兴壶，并提议当地的工匠制作了一种提梁式的紫砂壶，并题写了"松风竹炉，提壶相呼"的诗句。后来，这种式样的紫砂壶就被称作"东坡壶"。

元丰二年（1079年），苏轼因写诗讽刺王安石的变法被捕入狱，这就是宋史上的"乌台诗案"。苏轼出狱后，被贬到黄州，携家带口来到这里，举目无亲，生活拮据。幸好当地一位乡绅将一块闲地拨给苏轼，苏轼就在这块地上种了粮食与茶树，其"东坡居士"之名便出于此。他在《问大冶长老乞桃花茶栽东坡》中写道："嗟我五亩园，桑麦苦蒙翳。不令寸地闲，更乞茶子蓺。"这段生活使他体会到了种植粮食和茶叶的艰辛，也使他学到了茶树的栽培技术。

苏轼对茶的功用也深有体会。熙宁六年（1073年），他因身体不适，到孤山寺找惠勤禅师聊天。闲聊中，苏轼不知不觉饮下数碗茶，顿觉身轻体爽。回到下榻处，就提笔写道："何须魏帝一丸药，且尽卢仝七碗茶。"诗中"魏帝"指魏文帝。魏文帝在患病时，太医给他服过一丸良药，药到病除，魏文帝为此曾写诗赞叹。苏轼借用这个典故来说明饮茶祛疾，甚至比魏文帝的"一丸药"还有效。"七碗茶"则是指唐朝诗人卢仝在《走笔谢孟谏议寄新茶》一诗中提到的饮茶的益处，苏轼的切身体会证实了卢仝的说法。

苏轼的《仇池笔记》还介绍了一种以茶护齿的妙法："除烦去腻，不可缺茶，然暗中损人不少。吾有一法，每食已，以浓茶漱口，烦腻既出，而脾胃不知。肉在齿间，消缩脱去，不烦挑刺，而齿性便若缘此坚密。率皆用中下茶，其上者亦不常有，数日一啜不为害也。此大有理。"

苏轼与茶的渊源也反映出了古代文人士大夫与茶结缘的普遍情况。

苏轼于孤山寺饮茶

文士茶

　　在古代中国，"士"指的是知识分子，也会担任官职，他们与茶也有着千丝万缕的联系。从某种程度上来说，"士"是中国茶道的践行者。他们在一地做官，有机会接触当地名茶，再加上感受敏锐、表达力强，便留下了许多与茶相关的文学作品。文士茶，是文人品茗的艺术，兴盛于唐宋时期，后来演变为一种茶艺形式。

八 之 出

钱塘生天竺、灵隐二寺。

　　山南①：以峡州②上，峡州生远安、宜都、夷陵三县山谷。襄州③、荆州④次，襄州生南漳县山谷，荆州生江陵县山谷。衡州⑤下，生衡山、茶陵二县山谷。金州⑥、梁州⑦又下。金州生西城、安康二县山谷。梁州生褒城、金牛二县山谷。

注　释

　　①山南：即山南道，在今四川、重庆嘉陵江以东，陕西秦岭、甘肃嶓冢山以南，河南伏牛山西南，湖北涢水以西，重庆到湖南岳阳之间的长江以北一带。唐朝行政区划，贞观年间将全国划分为十道，此为其一。
　　②峡州：唐朝地名。在今湖北宜昌。
　　③襄州：唐朝地名。在今湖北襄樊。
　　④荆州：唐朝地名。治所在今湖北江陵。
　　⑤衡州：唐朝地名。治所在今湖南衡阳。
　　⑥金州：唐朝地名。治所在今陕西安康。
　　⑦梁州：唐朝地名。治所在今陕西汉中。

译　文

　　山南道：峡州所产的茶最好，峡州的茶产于远安、宜都、夷陵三县的山谷之中。襄州和荆州所产的茶次一等，襄州的茶产于南漳县山谷之中，荆州的茶产于江陵县的山谷之中。衡州所产的茶稍差一些，衡州的茶产于衡山、茶陵两县的山谷之中。金州和梁州所产的茶又差一些。金州的茶产于西城、安康两县的山谷之中。梁州的茶产于褒城、金牛两县的山谷之中。

解　读

　　"茶之出"写的是茶叶产地以及各地名茶。
　　唐初，天下分为十道，即十个监察区，分别是：山南道、淮南道、江南道、剑南道、岭南道、关内道、河南道、河东道、河北道、陇右道。开元年间，江南道被

茶经 ◦ 卷下

分为江南东、江南西、黔中三道。乾元年间,江南东道又析出浙江东、浙江西、福建三道。唐朝废郡为州,因而每道各辖若干州。

山南茶区,以道为名,与后文淮南、浙西、浙东、剑南、黔中、江南、岭南茶区并列,是当时的八大茶叶产地之一。山南名茶分布在今天的湖北、湖南、陕西境内。陆羽当年对茶的品级排次,放在今时今日,参考价值已经不大。影响一个地区茶叶品质的高下的因素有很多,大致可分为生态环境、品种选择、栽培管理、茶类适制性、采摘等级、加工工艺等。

史料记载的山南名茶不少:峡州的碧涧茶,得名于生态之优;荆州的仙人掌茶,外形扁平似掌,翠绿披毫,鲜醇爽口;衡州的石禀茶,是高山云雾的春尖;金州的紫阳茶,用于进贡,陈放后滋味更佳……

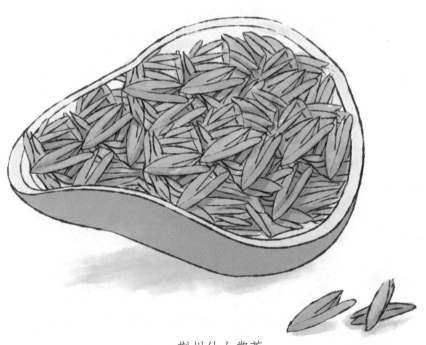

荆州仙人掌茶

淮南^①：以光州^②上，生光山县黄头港者，与峡州同。义阳郡^③、舒州^④次，生义阳县钟山者，与襄州同；舒州生太湖县潜山者，与荆州同。寿州^⑤下，盛唐县生霍山者，与衡山同也。蕲州^⑥、黄州^⑦又下。蕲州生黄梅县山谷，黄州生麻城县山谷，并与金州、梁州同也。

注 释

①淮南：即淮南道，在今淮河以南、长江以北，东至海，西至湖北广水、应城一带。唐朝贞观十道之一。

②光州：唐朝地名。在今河南潢川、光山一带。

③义阳郡：唐朝地名。在今河南信阳一带。

④舒州：唐朝地名。在今安徽太湖、安庆一带。

⑤寿州：唐朝地名。在今安徽寿县一带。

⑥蕲（qí）州：唐朝地名。在今湖北蕲春一带。

⑦黄州：唐朝地名。在今湖北黄冈一带。

译 文

淮南道：光州所产的茶最好，产于光州光山县黄头港的茶与峡州的茶品质相同。义阳郡、舒州所产的茶次一等，产于义阳县钟山的茶与襄州的茶品质相同，舒州产于太湖县潜山的茶与荆州的茶品质相同。寿州所产的茶差一些，产于盛唐县霍山的茶与衡山的茶品质相同。蕲州、黄州所产的茶又差一些。蕲州的茶产于黄梅县山谷中，黄州的茶产于麻城县山谷中，均与金州、梁州所产的茶品质相同。

解 读

淮南茶区跨今河南、安徽、湖北、江苏四省，早在唐朝时，其所产的名茶种类便已经相当丰富了。

义阳茶，即今河南信阳茶，名气不小，在唐朝时作贡茶；到了宋朝，苏东坡赞誉信阳茶为淮南之首。安徽的好茶更多，有舒州天柱茶、霍山黄芽、六安小岘春。安徽得地气，自古出好茶。湖北除了蕲门团黄，还有黄冈茶。宋朝文人王禹偁说得好："舌小侔黄雀，毛狞摘绿猿""采近桐华节，生无谷雨痕"。桐花是清明节气之花。可见，当时作为贡茶的黄冈茶，其采摘标准还是很高的。江苏扬州所出的蜀冈茶，有"味如蒙顶"的美名。

　　古时生态环境好，制茶工艺简单，所谓好茶、真茶，大抵是品得出原香本味的原生态茶。

天柱茶

小岘春

霍山黄芽

浙西^①：以湖州^②上，湖州生长城县顾渚山谷，与峡州、光州同；生山桑、儒师二坞、白茅山、悬脚岭，与襄州、荆州、义阳郡同；生凤亭山伏翼阁飞云、曲水二寺、啄木岭，与寿州、常州同。生安吉、武康二县山谷，与金州、梁州同。常州^③次，常州义兴县生君山悬脚岭北峰下，与荆州、义阳郡同；生圈岭善权寺、石亭山，与舒州同。宣州^④、杭州^⑤、睦州^⑥、歙州^⑦下，宣州生宣城县雅山，与蕲州同；太平县生上睦、临睦，与黄州同；杭州临安、於潜二县生天目山，与舒州同。钱塘生天竺、灵隐二寺，睦州生桐庐县山谷，歙州生婺源山谷，与衡州同。润州^⑧、苏州^⑨又下。润州江宁县生傲山，苏州长洲县生洞庭山，与金州、蕲州、梁州同。

注 释

①浙西：即浙江西道，在今江苏长江以南、茅山以东及浙江新安江以北一带。

②湖州：唐朝地名。在今浙江湖州一带。

③常州：唐朝地名。在今江苏常熟一带。

④宣州：唐朝地名，治所在宛陵县（今安徽宣城）。

⑤杭州：唐朝地名，在今浙江杭州、余杭、临安一带。

⑥睦州：唐朝地名，在今浙江淳安、建德、桐庐一带。

⑦歙（shè）州：唐朝地名，在今安徽新安江流域、祁门及江西婺源一带。

⑧润州：唐朝地名，治所在丹徒县（今江苏镇江）。

⑨苏州：唐朝地名，治所在吴县（今江苏苏州）。

译 文

浙江西道：湖州所产的茶最好，湖州产于长城县顾渚山谷中的茶，与峡州、光州的茶品质相同；产于山桑、儒师二坞、白茅山、悬脚岭的茶，与襄州、荆州、义阳郡的茶品质相同；产于凤亭山伏翼阁飞云、曲水二寺及啄木岭的茶，与寿州、常州的茶品质相同。产于安吉、武康二县山谷的茶，与金州、梁州的茶品质相同。常州所产的茶次一等，常州产于义兴县君山悬脚岭北峰下的茶，与荆州、义阳郡的茶品质相同；产于圈岭善权寺、石亭山的茶，与舒州的茶品质相同。宣州、杭州、睦州、歙州所产的茶差一些，宣州宣城县雅山所产的茶，与蕲州的茶品质相同；太平县上睦、临睦所产的茶，与黄州的茶品质相同；杭州临安、於潜二县天目山所产的茶，与舒州的茶品质相同。钱塘县天竺、灵隐二寺所产的茶，睦州桐庐县山谷所产的茶，歙州婺源山谷所产的茶，与衡州的茶品质相同。润州、苏州所产的茶又差一些。润州江宁县傲山所产的茶、苏州长洲县洞庭山所产的茶，与金州、蕲州、梁州的茶品质相同。

解 读

浙西茶区是唐朝茶叶最为重要的产地，也是陆羽常年游赏、积累茶事经验最为集中的地方，辖古之湖、常、歙、杭、苏、润六州，跨今江苏南部、上海、浙江北部、安徽等地。这片茶区声名显赫，历来出好茶，由于文士渊源，另生别处不及的文致与雅韵。

湖州的顾渚紫笋冠绝唐朝，历史上的第一处贡茶院就设在顾渚山中。"紫笋"，是指芽叶合抱未展，饱满似笋，微泛紫晕。与之齐名的，是常州的阳羡紫笋，在今江苏宜兴。顾渚山侧是明月峡，产"岕茶"，因地势而得名。"岕"为山冲或山沟，是介于两山之间的空地。"岕茶"为明朝所重。

宣州的瑞草魁产于安徽鸦山，这个茶树品种有些特别，叶脉的交角近90度，因此又名"横纹茶"。歙州即徽州，当地出产的松萝茶、婺源茶为人称道至今。

杭州的名茶得细说，主要有天目茶、径山茶、灵隐茶和天竺茶。天目山高，多云雾，制成的茶又名天目云雾。诗僧皎然有诗："日成东井叶，露采北山芽。文火香偏胜，寒泉味转嘉。投铛涌作沫，著碗聚生花。"这几句诗描述的就是天目茶的采制、烹煮与品饮的过程。文字美，意境佳，是心有余闲，涉笔成趣。径山茶与天目茶是邻居。径山因有径通于天目获名，也是陆羽著《茶经》的地方。径山有清泉、古寺，与茶的渊源十分深厚。灵隐茶和天竺茶历史悠久。晋朝时，天竺僧人在西湖一带建造寺院，一座为灵隐，一座为天竺。南北朝时期的文人谢灵运曾在此译经、种茶。唐朝贞元年间，陆羽游杭，便住在灵隐寺，留下了《天竺、灵隐二寺记》。一路细数下来，可知杭州茶是深有底蕴的。

苏州名茶出洞庭山。唐朝诗人皮日休、陆龟蒙曾在此采茶焙茗、独饮赋诗。宋朝时，洞庭茶入贡，于清朝时得名"碧螺春"，从此与龙井齐名。

灵隐一景

原 文

剑南①：以彭州②上，生九陇县马鞍山、至德寺、棚口，与襄州同。绵州③、蜀州④次，绵州龙安县生松岭关，与荆州同；其西昌、昌明、神泉县西山者并佳；有过松岭者，不堪采。蜀州青城县生丈人山，与绵州同。青城县有散茶、末茶。邛州⑤次，雅州⑥、泸州⑦下，雅州百丈山、名山，泸州泸川者，与金州同也。眉州⑧、汉州⑨又下。眉州丹棱县生铁山者，汉州绵竹县生竹山者，与润州同。

注 释

①剑南：即剑南道，在今四川大部，云南澜沧江、哀牢山以东及贵州北端、甘肃文县一带。唐朝贞观十道之一。

②彭州：唐朝地名。治所在九陇县（今四川彭州）。

③绵州：唐朝地名，在今四川罗江上游以东、潼河以西江油、绵阳间的涪江一带。

④蜀州：唐朝地名，在今四川崇州、新津一带。

⑤邛（qióng）州：唐朝地名。在今四川邛崃、大邑、蒲江一带。

⑥雅州：唐朝地名，治所在严道县（今四川雅安西）。

⑦泸州：唐朝地名，治所在泸川县（今四川泸州）。

⑧眉州：唐朝地名，治所在通义县（今四川眉山）。

⑨汉州：唐朝地名，治所在雒县（今四川广汉）。

译 文

剑南道：彭州所产的茶最好，产于九陇县马鞍山、至德寺、棚口的茶，与襄州的茶品质相同。绵州、蜀州所产的茶次一等，产于绵州龙安县松岭关的茶，与荆州的茶品质相同；产于西昌、昌明、神泉县西山的茶都比较好；过了松岭的茶就不值得采了。产于蜀州青城县丈人山的茶，与绵州的茶品质相同。青城县有散茶、末茶。邛州所产的茶又其次，雅州、泸州所产的茶差一些，产于雅州百丈山、名山及泸州泸川的茶，与金州的茶品质相同。眉州、汉州所产的茶又差一些。产于眉州丹棱县铁山及汉州绵竹县竹山的茶，与润州的茶品质相同。

解 读

　　剑南茶区是茶的原产地。在唐朝时，这里已经是成熟的茶马交易市场。其实，早在南北朝时期，对外贸易中便有了以茶易物的形式。当时，茶叶的主要输出国是土耳其，古称突厥。茶马互市则始于隋唐，兴盛了近千年。明朝文学家汤显祖曾留下"黑茶一何美，羌马一何殊"的诗句。清朝雍正年间（1723—1735年），茶马交易制度正式终结。

　　唐朝时的剑南茶区，雅州蒙顶茶一枝独秀，唐朝诗人白居易亦在诗中写下了"琴里知闻唯渌水，茶中故旧是蒙山"的感慨。

茶马古道

浙东①：以越州②上，余姚县生瀑布泉岭曰仙茗，大者殊异，小者与襄州同。明州③、婺州④次，明州鄮县生榆荚村，婺州东阳县东白山，与荆州同。台州⑤下。台州始丰县生赤城者，与歙州同。

①浙东：即浙江东道，唐朝时的藩镇名。在今浙江衢江流域、浦阳江流域以东一带。

②越州：唐朝地名。治所在会稽县（今浙江绍兴）。

③明州：唐朝地名。治所在鄮县（今浙江鄞县西南鄞江镇）。

④婺州：唐朝地名。治所在吴宁县（今浙江金华）。

⑤台州：唐朝地名。治所在临海县（今浙江临海）。

浙江东道：越州所产的茶最好，产于余姚县瀑布泉岭的茶称为"仙茗"，大叶茶很特别，小叶茶与襄州的茶品质相同。明州、婺州所产的茶居其次，产于明州鄮县榆荚村的茶、产于婺州东阳县东白山的茶与荆州的茶品质相同。台州所产的茶差一些。产于台州始丰县赤城的茶与歙州的茶品质相同。

唐朝乾元年间，浙江东道辖越、台、衢、睦、婺、明、处、温八州。今天的浙江省，除浙北地区以外，都在浙江东道境内。浙东茶以越州的剡溪茶为最，因唐朝诗僧皎然的《饮茶歌诮崔石使君》闻名：

越人遗我剡溪茗，采得金芽爨金鼎。

素瓷雪色缥沫香，何似诸仙琼蕊浆。

一饮涤昏寐，情来朗爽满天地。

再饮清我神，忽如飞雨洒轻尘。

茶经 · 卷下

三饮便得道，何须苦心破烦恼。

此物清高世莫知，世人饮酒多自欺。

愁看毕卓瓮间夜，笑向陶潜篱下时。

崔侯啜之意不已，狂歌一曲惊人耳。

孰知茶道全尔真，唯有丹丘得如此。

童子奉茶

原 文

黔中①：生思州②、播州③、费州④、夷州⑤。

江南⑥：生鄂州⑦、袁州⑧、吉州⑨。

岭南⑩：生福州⑪、建州⑫、韶州⑬、象州⑭。福州生闽县⑮方山之阴⑯也。

其思、播、费、夷、鄂、袁、吉、福、建、韶、象十一州未详，往往得之，其味极佳。

注 释

①黔中：即黔中道，治所在黔州（今重庆彭水苗族土家族自治县）。唐朝开元十五道之一。

②思州：唐朝地名，治所在务川县（今贵州沿河土家族自治县东北）。

③播州：唐朝地名，在今贵州遵义一带。

④费州：唐朝地名，治所在今贵州思南县。

⑤夷州：唐朝地名，在今贵州凤冈、绥阳一带。

⑥江南：此处并非唐初的江南道，而是指唐朝开元年间从江南道分出的江南西道。辖境包括今天的江西、湖北东部、湖南、安徽南部及广东部分地区。

⑦鄂州：唐朝地名，在今湖北武昌、黄石一带。

⑧袁州：唐朝地名，治所为今江西宜春。

⑨吉州：唐朝地名，治所在庐陵县（原为今江西吉水县北，后迁至今江西吉安）。

⑩岭南：即岭南道，在今岭南的大部分地区，包括广东、广西的大部分地区，云南南盘江以南及越南北部的一部分地区。唐朝贞观十道之一、开元十五道之一。

⑪福州：唐朝地名，在今福建福州。

⑫建州：唐朝地名，在今福建建阳。

⑬韶州：唐朝地名，在今广东韶关。

⑭象州：唐朝地名，在今广西象州。

⑮闽县：唐朝地名，治所在今福建福州。

茶经 ◦ 卷下

⑯方山之阴：方山的北坡。方山，山名，在今福建省福州市闽江南岸，产茶。阴，山之北、水之南称为阴。

译文

黔中道：主要产茶地是思州、播州、费州、夷州。

江南道：主要产茶地是鄂州、袁州、吉州。

岭南道：主要产茶地是福州、建州、韶州、象州。福州的茶产于闽县方山的北坡。

对于思、播、费、夷、鄂、袁、吉、福、建、韶、象这十一州所产的茶，我还不是太了解，偶尔能得到一些这些地方所产的茶并细细地品尝，感觉味道很不错。

陆羽事茶

陆羽不曾到过这三大茶区，所以对其所辖各州的茶就没有评述。只是说偶尔喝到这些地方的茶，觉得味道很好。这种实地考察、审慎评价的著书态度是令人称道的。

黔中茶区多古茶树，植株高大，制成的茶味厚而久。江南茶区的名茶虽不算多，但袁州的界桥茶在陆羽那个年代也享负盛名。岭南茶区的鼎盛，发生在唐朝以后，陆羽未曾探访，也不算遗憾。

中国工夫红茶

工夫红茶是我国特有的红茶。我国工夫红茶的品类多，产地广。按产地命名，工夫红茶可分为祁红、闽红、宜红、川红、宁红、滇红、湖红、越红、江苏工夫和台湾工夫等。其中，祁门工夫红茶，又含浮梁工夫和霍山工夫；闽红工夫，又含坦洋工夫、白琳工夫及政和工夫。工夫红茶原料细嫩，制工精细，条索紧直、匀齐，色泽乌润，香气浓郁，滋味醇和甘浓，汤色、叶底红艳明亮，具有形质兼优的特征。

中国小种红茶

小种红茶起源于16世纪，是福建省的特产，可分为正山小种和外山小种。正山小种产于高山地区，在武夷山市星村乡桐木关一带，也称"桐木关小种"或"星村小种"，是世界红茶的鼻祖。

正山小种条索肥实，色泽乌润，泡水后汤色红浓，香气高长，带松烟香，滋味醇厚，带有桂圆汤味。外山小种指政和、坦洋、北岭、屏南、古田、沙县及江西铅山等地所产的仿照正山品种的小种红茶，也称"人工小种"。

小种红茶除一般红茶的全部制作工序外，还有与制作乌龙茶相似的"过红锅"的特殊处理。过红锅是提高小种红茶香味的重要技术措施。它的作用是利用高温，钝化酶促作用，适时地停止茶的发酵，保存部分茶多酚，使茶汤鲜浓甜醇，叶底红亮，香气高扬。

大吉岭红茶

大吉岭红茶产于印度西孟加拉省北部喜马拉雅山麓的大吉岭高原一带，是世界四大红茶之一。3—4月的一号茶多为青绿色，5—6月的二号茶金黄显露，汤色橙黄，气味芬芳高雅，带有葡萄香，口感细致柔和，被誉为"红茶中的香槟"。

大吉岭红茶适合清饮，但因为茶叶较大，需久闷5分钟左右，才能使茶叶尽舒。这种红茶的采摘时间需控制得非常严格，不同时期采摘的茶叶冲泡时的风味也各不相同。

初摘正当春寒之后，茶树上刚长出嫩芽，较脆弱，叶呈灰绿色，汁呈半透明色，茶汤闻起来带有温和淡涩的清香。"初茶"带有花香，冲泡时呈显著的淡黄绿色。次摘茶口感成熟醇香，得名"麝香葡萄"。雨花茶叶片肥大，味浓色深。秋茶则清润可口，味道十分别致。

阿萨姆红茶

阿萨姆红茶，外形细扁深褐，汤色深红稍褐，带有淡淡的麦芽香、玫瑰香，滋味浓，属烈茶，是冬季饮茶的好选择。阿萨姆红茶产于印度东北喜马拉雅山麓的阿萨姆溪谷一带，是世界四大红茶之一。当地日照强烈，雨量丰富，适宜阿萨姆大叶种茶树蓬勃生长。阿萨姆红茶以 6—7 月采摘的品质最优，10—11 月产的秋茶香气也很好。

锡兰高地红茶

锡兰高地红茶以乌沃茶最著名，产于斯里兰卡山岳地带以东，是世界四大红茶之一。斯里兰卡山岳地带东侧常年云雾弥漫，由于冬季吹送的东北季风带来较多的雨量，不利于茶园生产，所以以 7—9 月所产的茶的品质为最优。斯里兰卡山岳地带西侧则因为受到夏季西南季风送雨的影响，所产的汀布拉茶和努沃勒埃利耶茶以 1—3 月的为佳。

锡兰的高地红茶通常制成碎形茶，上等乌沃茶的茶汤带金黄色光圈，具有刺激性，透出类似薄荷、铃兰的芳香，滋味醇厚，较苦涩，但回味甘甜。汀布拉茶的汤色鲜红，滋味爽口柔和，带花香，涩味较少。努沃勒埃利耶茶色、香、味都较前二者淡，汤色橙黄，香味清芬，口感稍近绿茶。

锡兰高地红茶按产地的高度分为海拔 600 米以下的低山茶、海拔 600~1200 米的中山茶，以及海拔 1200 米以上的高山茶。其中，高山茶的品质为最佳。

正山小种
醇和甘爽，带有松烟香

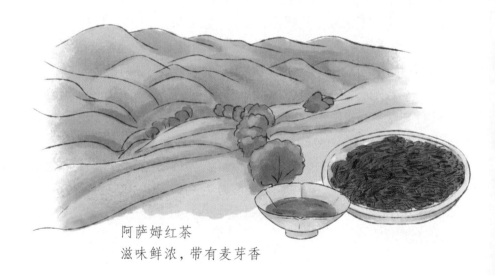

阿萨姆红茶
滋味鲜浓，带有麦芽香

大吉岭红茶
柔和高雅，带有葡萄香

锡兰高地红茶
强劲醇厚，带有薄荷香

路易波士茶

　　路易波士茶产于南非，由豆科灌木植物制成，不含咖啡因，具有改善失眠、舒缓皮肤不适等功效，被誉为"南非红宝石"。路易波士茶风味独特，入口甜润，带有淡淡烟熏香味，适合单独饮用，若与桂花搭配，滋味尤佳。许多人误以为路易波士茶是红茶，其实它并非是传统意义上的茶。这种茶老少咸宜，是很好的下午茶之选。

九 之 略

若松间石上可坐，则具列废。

其造具：若方春禁火之时^①，于野寺山园丛手而掇^②，乃蒸，乃舂，乃拍，以火干之，则棨、扑、焙、贯、棚、穿、育等七事皆废。

其煮器：若松间石上可坐，则具列废。用槁薪、鼎锅之属，则风炉、灰承、炭挝、火筴、交床等废。若瞰泉临涧，则水方、涤方、漉水囊废。若五人已下，茶可末而精者，则罗废。若援藟跻岩^③，引絚入洞^④，于山口炙而末之，或纸包、盒贮，则碾、拂末等废。既瓢、碗、筴、札、熟盂、鹾簋悉以一筥盛之，则都篮废。但城邑之中，王公之门，二十四器阙^⑤一，则茶废矣。

注 释

①禁火之时：寒食节。古代寒食节有禁火、吃冷食的习俗。

②掇（duō）：拾取，摘取。

③援藟（lěi）跻（jī）岩：拉着藤蔓攀上山岩。援，拉拽，攀援。藟，藤蔓。跻，登。

④引絚（gēng）入洞：拉着粗绳索进入山洞。引，拉，牵拉。絚，粗绳。

⑤阙：通"缺"，缺少。

译 文

茶饼制造工具：如果正当春季寒食节前后，在野外寺院和山间茶园里，大家一起动手采摘茶叶，就地蒸熟、捣碎、拍打，用火烘烤使其干燥，那么，棨、扑、焙、贯、棚、穿、育等七种采制工具就可以省略不用了。

煮茶工具：如果松林间的石头上可以放置茶器，那么用于摆放茶器的具列就可以不用。如果可以用干柴、鼎锅之类的来烧水，那么作为生火用具的风炉、灰承、炭挝、火筴和交床等就可以不用。如果在泉水或溪涧旁边，那么作为盛水和清洁用具的水方、涤方、漉水囊就可以不用。如果饮茶人数在五人以下，茶叶又已加工成精细的茶末，那么罗筛就可以不用。如果要拉着藤蔓攀上山岩，或者拉着粗绳进入山洞，事先在山口把茶烘干，研成细末，用纸包好，或贮存在盒子里，那么作为加工工具的茶碾、拂末等就可以不用。已把瓢、碗、笑、札、熟盂、鹾簋都装进筥中，那么都篮就可以不用了。但是，在城中的王侯贵族之家，如果二十四种煮茶器皿中缺少了任何一件，那么饮茶过程就会变得不顺当了。

解 读

这一章，陆羽主要介绍制茶、煮茶的简略方法。若茶叶现采现制，即煮即饮，茶人在这过程中就可以省去不少用具。野外饮茶的原则是一切从简，大自然里有什么，就用什么。人在草木间，饮茶也少了琐碎的讲究。一方面，讲究起来很麻烦，是自讨苦吃；另一方面，不合时宜地饮茶，也失了趣味。

论诗诗《二十四诗品》别具一格，其中"自然"一品是这样写的：

> 俯拾即是，不取诸邻。
>
> 俱道适往，着手成春。
>
> 如逢花开，如瞻岁新。

诗的"自然"境界是尤为难得的风格，用"自然"形容陆羽事茶，想必也是妥帖的。

那么，城中的王公们，在精致华美的府邸里，要怎么用茶呢？这时候，他们就做不到简略了。那些在野外显得多余的器物，在这里件件都是帮衬，少一件有少一件的不便。"物役"如此。

古人说："君子可以寓意于物，而不可以留意于物。"对于茶，陆羽大概也是寄意多于嗜求。事茶著书，皆是手忙心闲。

茶经。九之略

野外饮茶

茶　会

　　茶会，即以茶会友，形式不拘，以惬意舒心为上。唐朝诗人周贺在《赠朱庆馀校书》中写道"树停沙岛鹤，茶会石桥僧"，这句诗也是"茶会"一词最早的出处。唐朝时的茶会多为僧人间参禅悟道的茶聚。唐朝诗人钱起在《过长孙宅与朗上人茶会》中是这样说的：

　　　　偶与息心侣，忘归才子家。
　　　　玄谈兼藻思，绿茗代榴花。
　　　　岸帻看云卷，含毫任景斜。
　　　　松乔若逢此，不复醉流霞。

　　及至宋朝，茶的文化与美学为人所推崇，茶会从寺庙走向民间，在文人中大行，多有主题，以时令茶会、诗文茶会等居多。当时还有一种同乡会性质的茶会，宋朝文人朱彧的《萍洲可谈》中记载："太学生每路有茶

会，轮日于讲堂集茶，无不毕至者，因以询问乡里消息。"

无我茶会

　　"无我茶会"兴起于 20 世纪 80 年代初，最早出现在中国台湾地区，而后流传至韩国、日本等地。20 世纪 90 年代以后，福建、浙江、上海等地也都举办过这种茶会。"无我"原为佛学用语，也可作"忘我""无私"解释。茶会以"无我"命名，意在提倡和平友好，以茶会友。

　　茶会在室内或户外举办均可，流程简单。开始前，所有与会者按照约定抽签入座，不分尊卑，一律席地而坐，围成一圈。每人自带茶器、茶叶和热水，人人泡茶，人人奉茶。这样一来，每位与会者都能品尝到若干种茶的风味。举办茶会期间，要求禁语，一切举动相互配合默契。茶会最后，各自收拾茶器，散会。

十 之 图

分布写之，陈诸座隅。

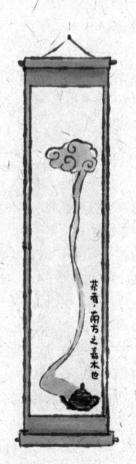

原 文

以绢素或四幅或六幅，分布写之，陈诸座隅[1]，则茶之源、之具、之造、之器、之煮、之饮、之事、之出、之略，目击[2]而存，于是《茶经》之始终备[3]焉。

注 释

①隅（yú）：角落，靠边角的地方。
②目击：这里指看、观摩。
③备：完备，齐备。

译 文

取四幅或六幅白绢，把《茶经》的内容分别书写在上面，陈列在座位旁边。那么关于茶叶的起源、采制工具、制备方法、煮饮器具、煮茶方法、饮茶风俗、茶事记载、茶叶产地及其简便应用等，就可以随时观摩，牢记心中。这样，《茶经》从头至尾的内容就完备了。

解 读

茶室挂画十分普遍，且多为清雅字画，或写上一二警句以自励，或画上山水小景以怡情。入座后，先参看墙上的事茶指南，学习一番再动手，这便稀有了。就是在如今教授茶艺的场馆，这种情形也是没有的。

陆羽的好心提议是否多此一举？以"经"冠名是否言过其实？我们需要查阅资料，才能公平公正地理解这些历史事件。

唐朝时，饮茶风气浓厚，但只有很少一部分人知道怎么辨别茶的优劣，甚至于茶与非茶都难以分清，毕竟长得像茶的植物也不少。因此，市面上有以次充好的商人，有苦于找不到好茶的买家。还有的人，得了好茶却因不识而随意对待，实在可惜。在这样的背景下，陆羽费多年之工，游历考察、研著增删，著成了一部既可作为参考规范又有劝世意味的茶学专著——《茶经》。此书一经问世，便大获推崇。个中原因，恐怕是当时的人们切切实实需要这样一份以茶为主题的指南。

茶室挂画

　　这样看来，陆羽写"十之图"一章，便有了合理性。他的提议不是敝帚自珍式的自得，当时的人依法炮制，也未必没有可能。唐朝以后，不知又有多少爱茶、饮茶的人从中获益。陆羽将自己写的书冠名以"经"，是一种大胆的行为，但《茶经》经受住了时间的考验。它因切实便宜于民，得到了世人的肯定。

以"文"化人，是陆羽撰写《茶经》的初衷，也是恩师智积禅师对他的期许。然而，茶作为一门技艺，毕竟常新常易，相关内容具有一定的时效性。如今，倘或有人书《茶经》装点茶室，初衷大概是表达敬意与缅怀，想要以此为指南，怕是不够的。我们的时代有自己的"茶经"。对于先贤及其经典，除了崇敬之意、感激之情，今人也当有"不让古人"之心。得其精髓，与时俱进，这是对陆羽最好的传承与纪念。

茶叶有趣

茶 诗

茶是文艺的重要题材。不少文学家、书画家也爱茶、知茶，因此留下了许多与茶相关的诗文。茶诗之美，在于意境。茶，本身就是绝佳的意象，稍加点染就能勾勒出如画的诗境。

重过何氏五首（其三）

落日平台上，春风啜茗时。
石阑斜点笔，桐叶坐题诗。
翡翠鸣衣桁，蜻蜓立钓丝。
自今幽兴熟，来往亦无期。

　　本诗由唐朝诗人杜甫作，题为《重过何氏五首》，这是其中的第三首。春日傍晚，诗人在何氏山林的平台上饮茶，兴之所至，便倚石栏在桐叶上题诗，更有翡翠鸟、蜻蜓做伴，是一幅色调雅致的"饮茶题诗图"。

寒　夜

寒夜客来茶当酒，竹炉汤沸火初红。
寻常一样窗前月，才有梅花便不同。

　　这是一首清淡质朴、韵味无穷的友情诗，为宋朝诗人杜耒所作。"寒夜客来茶当酒"一句现已成为十分常用的口头语。寒夜煮茶，向火深谈，可谓人生一大幸事。屋内的温暖与屋外的寒气两相对照，更显人间真情的可贵。

临安春雨初霁

世味年来薄似纱，谁令骑马客京华。
小楼一夜听春雨，深巷明朝卖杏花。
矮纸斜行闲作草，晴窗细乳戏分茶。
素衣莫起风尘叹，犹及清明可到家。

古人说："以乐景写哀，以哀景写乐，一倍增其哀乐。"南宋诗人陆游的这首诗就是"以乐景写哀情"的例子。其中的"小楼一夜听春雨，深巷明朝卖杏花"二句流传甚广。写字、喝茶本是乐事，但在诗中却有百无聊赖之感，这首诗写出了诗人悲愁落寞的情思。

事茗图

日长何所事，茗碗自赏持。
料得南窗下，清风满鬓丝。

这首五言绝句为明朝画家唐寅所作。唐寅，字子畏，一字伯虎，号六如居士。唐寅以茶为题的作品有《卢仝煎茶图》《事茗图》等十多件，其中以《事茗图》最负盛名。诗言漫长白日无所事事，便在南窗下饮茶；偶有清风吹来，连鬓间的发丝都随风舞动了起来。诗情画意融为一体，颇有意境。

春风啜茗时

茶　联

　　对联起源于盛唐，是我国的传统文学样式，融历史、文学、哲学、地理、书法、美学、建筑等于一体，是诗词形式的一种变体，具有别样的美学情趣。以茶为题材的对联，又称"茶联"。茶联雅俗共赏，有文人创作，亦有民间作品。茶联大致可分为名胜茶联、宅居茶联和茶馆楹联三类，或颂赞风光，或言志抒怀，或评点雅趣。

江苏甘泉山寺楹联

甘味从苦中领取，
泉声自远处听来。

　　甘泉山坐落在江苏盱眙县城北部，风景秀丽，山上有泉法井。此联为清朝文人姚挹之所撰，虽未见一个"茶"字，但充满了"茶气"和"禅机"。此联语言质朴，意味深长。

四川青城山天师洞楹联

扫来竹叶烹茶叶，
劈碎松根煮菜根。

镇江焦山汲江楼楹联

汲来江水烹新茗，
买尽青山当画屏。

这两副对联都是清朝书画家郑燮所写。郑燮，字克柔，号板桥，江苏兴化人。郑燮曾任山东潍县知县，为官清廉，关心百姓疾苦，后辞官卖画于扬州，位列扬州八怪之一。郑燮的诗词书画皆精，传世的茶联有很多副，为名人中的冠首。

宅居茶联

晒药竹斋暖，捣茶松院深。

——[唐] 许浑

茶爽添诗句，天清莹道心。

——[唐] 司空图

静院春风传浴鼓，画廊晚雨湿茶烟。

——[宋] 陆游

广州陶陶居茶楼楹联

陶潜善饮，易牙善烹，饮烹有度；
陶侃惜分，夏禹惜寸，分寸无遗。

这是一副"嵌头联"，上联和下联均嵌入陶陶居的"陶陶"二字。文人善在茶联中用典故，使得茶联颇有意趣。

附录

陆文学自传

[唐] 陆羽

　　陆子，名羽，字鸿渐，不知何许人也。或云字羽，名鸿渐，未知孰是。有仲宣、孟阳之貌陋，而有相如、子云之口吃，而为人才辩为性，褊躁多自用意，朋友规谏，豁然不惑。凡与人宴处，意有所适，不言而去。人或疑之，谓生多瞋。又与人为信，纵冰雪千里，虎狼当道，而不愆也。

　　上元初，结庐于苕溪之湄，闭关对书，不杂非类，名僧高士，谈宴永日。常扁舟往来山寺，随身唯纱巾、藤鞋、短褐、犊鼻。往往独行野中，诵佛经，吟古诗，杖击林木，手弄流水，夷犹徘徊，自曙达暮，至日黑兴尽，号泣而归。故楚人相谓："陆子盖今之接舆也。"

　　始三岁，惸露，育于竟陵太师积公之禅。自九岁学属文，积公示以佛书出世之业。子答曰："终鲜兄弟，无复后嗣，染衣削发，号为释氏，使儒者闻之，得称为孝乎？羽将授孔圣之文。"公曰："善哉！子为孝，殊不知西方染削之道，其名大矣。"公执释典不屈，子执儒典不屈。公因矫怜抚爱，历试贱务：扫寺地，洁僧厕，践泥圬墙，负瓦施屋，牧牛一百二十蹄。竟陵西湖无纸，学书以竹画牛背为字。他日于学者得张衡《南都赋》，不识其字，但于牧所仿青衿小儿，危坐展卷，口动而已。公知之，恐渐渍外典，去道日旷，又束于寺中，令芟剪卉莽，以门人之伯主焉。或时心记文字，懵然若有所遗，灰心木立，过日不作。主者以为慵堕，鞭之。因叹云："恐岁月往矣，不知其书。"呜咽不自胜。主者以为蓄怒，又鞭其背，折其楚乃释。因倦所役，舍主者而去。卷衣诣伶党，著《谑谈》三篇，以身为伶，正弄木人"假吏藏珠"之戏。公追之曰："念尔道丧，惜哉！吾本师有言，我弟子十二时中，许一时外学，令降伏外道也。以吾门人众多，今从尔所欲，可捐乐工书。"

茶经 · 陆文学自传

天宝中，郢人酺于沧浪，邑吏召子为伶正之师。时河南尹李公齐物黜守见异，提手抚背，亲授诗集，于是汉沔之俗亦异焉。后负书于火门山邹夫子别墅，属礼部郎中崔国公辅出竟陵，因与之游处，凡三年，赠白驴、乌犎牛一头，文槐书函一枚。白驴、犎牛，襄阳太守李憕见遗；文槐函，故卢黄门侍郎所与。此物皆己之所惜也。宜野人乘蓄，故特以相赠。

泊至德初，秦人过江，子亦过江，与吴兴释皎然为缁素忘年之交。少好属文，多所讽谕。见人为善，若己有之；见人不善，若己羞之。忠言逆耳，无所回避，由是俗人多忌之。自禄山乱中原，为《四悲诗》；刘展窥江淮，作《天之未明赋》，皆见感激当时，行哭涕泗。著《君臣契》三卷，《源解》三十卷，《江表四姓谱》八卷，《南北人物志》十卷，《吴兴历官记》三卷，《湖州刺史记》一卷，《茶经》三卷，《占梦》上中下三卷，并贮于褐布囊。上元年辛丑岁，子阳秋二十有九日。

译 文

陆先生，名羽，字鸿渐，不知是哪里人。也有人说他字羽，名鸿渐，不知谁说的对。陆羽有着东汉王粲、晋朝张载那样丑陋的相貌，与汉代司马相如、扬雄一样都是口吃，但多才善辩，气量小而性情急躁，处事多自己做主。朋友们规劝一番后，便豁然开朗。但凡与别人闲处，心里感到不舒坦，他往往不说一声就离开了。有人猜想，他容易动怒。一旦与别人相约，即便冰雪满地，相距千里，虎狼挡道，他也不会失约。

唐肃宗上元初年，陆羽在湖州苕溪边造了一间茅屋，闭门读书，不与志趣不同的人相处，而与名僧、隐士整日谈天饮酒。陆羽常常乘一小船来往于山寺之间，头系一条纱巾，脚蹬一双藤鞋，身穿一件短布衣和一条短裤。陆羽往往独自一人走在山野中，诵读佛经，吟咏古诗，用手杖敲打树木，用手抚弄流水，流连徘徊，从早到晚，直到天黑游兴尽了，才大哭着返回。因此，楚地人都说："陆羽大概是现世的楚狂接舆吧。"

陆羽在三岁时成了孤儿，被收养在竟陵智积禅师的禅院里。他从九岁开始学习写文章，智积禅师给他看佛经，教授有关出离世俗束缚的学问。陆羽回答说："我既无兄弟，又没有留下后代，就穿僧衣，剃头发，成为佛门弟子。

茶经 · 附录

儒家门人听到这种情况，会说我尽了孝道吗？我要学习孔圣人的文章。"智积说："可惜了！你想尽孝道，却不知佛道高妙，孝在其中。"智积坚持让陆羽学习佛学经典，陆羽却坚持学习儒家经典。于是，智积用杂务来磨炼他：打扫寺院，清洁僧人的厕所，用脚踩泥用来涂墙壁，背瓦片盖屋顶，放三十头牛。在竟陵城西湖滨，陆羽没有纸用来学习写字，就用竹片在牛背上画着写。有一天，他在一位读书人那里得到张衡的《南都赋》，却不认识上面的字，只得在放牧的地方模仿学童，端身正坐展开书卷，动动嘴巴做做样子。智积知道了这件事，唯恐陆羽被佛经以外的书籍所影响，日益远离佛学教义，又把陆羽管束在寺院里，让他修剪寺院的芜杂草木，并让年龄大一些的徒弟看管他。有时，陆羽心里记着书上的文字，精神恍惚，怅然若失，像木头一样呆呆站着，过了很长时间都不去干活。看管的人以为他懒惰，便用鞭子抽打他的背。陆羽感叹说："唯恐岁月流逝，我却不能理解书。"然后悲泣不已。看管的人以为陆羽怀恨在心，又用鞭子抽打他的背，直到鞭子断了才停手。陆羽厌倦了这些杂活，所以离开看管他的人走了。他投奔戏班，作为编剧写了《谑谈》三篇，表演木偶戏"假吏藏珠"。智积追来对陆羽说："想你已经偏离佛道，可惜啊！祖师说过：'佛门弟子在一天之中，只被允许拿一个时辰学习佛学以外的知识，以收服教外人士。'因我的弟子众多，现在如你所愿，你离开戏班专心著书吧。"

唐玄宗天宝年间，戏班在沧浪岸边大办宴会，地方官吏召见陆羽，任他为伶人的老师。当时，曾任河南府尹的李齐物出任竟陵太守，见到陆羽，认为他不同凡俗，便握着他的手，拍着他的背，亲手把自己的诗集交给他，这以后汉水、沔水一带的民风也就不同了。之后，陆羽背着书来到火门山邹先生的住地，此时正值礼部郎中崔国辅被贬至竟陵郡任司马，与他交游三年时间。崔国辅赠送陆羽白驴、乌犎牛各一头，还有一枚文槐书套。白驴、乌犎牛是襄阳太守李憕赠送的；文槐书套是去世的黄门侍郎卢先生给的。这些物品都是自己所爱惜的，适合隐士骑坐和收藏，因此特地送给陆羽。

到了唐肃宗至德初年，淮河一带人为躲避战乱而渡过长江，陆羽也渡过长江，与吴兴的皎然和尚结为僧俗忘年之交。陆羽年少时爱写文章，行文多有讽喻之意。见到别人做好事，就像自己也做了好事那般开心；见到别人做不好的事，就像自己做了不好的事而感到羞耻。忠言逆耳，但陆羽从不回避，因此一般人大多忌惮他。经历了安史之乱，陆羽写了《四悲诗》；刘展割据江、淮地区造反,陆羽作了《天之未明赋》。有感于当时的社会现实,陆羽激愤不已,痛哭流涕。陆羽著有《君臣契》三卷,《源解》三十卷,《江表四姓谱》八卷,《南北人物志》十卷,《吴兴历官记》三卷,《湖州刺史记》一卷,《茶经》三卷,《占梦》上、中、下三卷,将这些书籍一并收藏在粗布袋内。唐肃宗上元二年,陆羽年方二十九岁。

唐才子传·陆羽

[元] 辛文房

陆羽，字鸿渐，不知所生。初，竟陵禅师智积得婴儿于水滨，育为弟子。及长，耻从削发，以《易》自筮，得《蹇》之《渐》曰："鸿渐于陆，其羽可用为仪。"始为姓名。有学，愧一事不尽其妙。性诙谐、少年匿优人中，撰《谈笑》万言。天宝间，署羽伶师，后遁去。古人谓"洁其行而秽其迹"者也。上元初，结庐苕溪上，闭门读书。名僧高士，谈宴终日。貌寝，口吃而辩。闻人善，若在己。与人期，虽阻虎狼不避也。自称"桑苎翁"，又号"东岗子"。工古调歌诗，兴极闲雅。著书甚多。扁舟往来山寺，唯纱巾藤鞋，短褐犊鼻，击林木，弄流水。或行旷野中，诵古诗，裴回至月黑，兴尽恸哭而返。当时以比接舆也。与皎然上人为忘言之交。有诏拜太子文学。羽嗜茶，造妙理，著《茶经》三卷，言茶之原、之法、之具，时号"茶仙"，天下益知饮茶矣。鬻茶家以瓷陶羽形，祀为神，买十茶器，得一鸿渐。初，御史大夫李季卿宣慰江南，喜茶，知羽，召之。羽野服挈具而入，李曰："陆君善茶，天下所知。扬子中冷水，又殊绝。今二妙千载一遇，山人不可轻失也。"茶毕，命奴子与钱。羽愧之，更著《毁茶论》。与皇甫补阙善。时鲍尚书防在越，羽往依焉，冉送以序曰："君子究孔、释之名理，穷歌诗之丽则。远野孤岛，通舟必行；鱼梁钓矶，随意而往。夫越地称山水之乡，辕门当节钺之重。鲍侯知子爱子者，将解衣推食，岂徒尝镜水之鱼，宿耶溪之月而已。"集并《茶经》今传。

译 文

陆羽，字鸿渐，不知道他的父母是谁。当初在竟陵有一位叫作智积的禅师，在岸边捡到一个婴儿，便将婴儿作为自己的弟子来养育。当年的婴儿长大后，不愿跟从智积削发为僧，就按《易经》所说的给自己占卜，卜得了《蹇》卦中的《渐》卦。卦上说："鸿渐于陆，其羽可用为仪。"从那天起，他就给自己取名陆羽。陆羽有学问，只要有一件事没能做得尽善尽美就会感到羞愧。他生性诙谐，年少时曾和优伶们混在一起，撰写了上万字的《谈笑》。唐朝天宝年间，陆羽被官府任命为优伶们的老师，后来他逃走了。这就是古人所说的"磨砺高洁品行便要经历不堪的际遇"的那种人。唐朝上元初年，陆羽在苕溪岸边修建屋子，闭门读书，常与有名望的僧人、隐士宴饮，一直谈天到天亮。陆羽相貌丑陋，说话结巴，却能言善辩。他听到别人的美德，高兴得就像自己也有这种美德一样。倘若与别人约好了见面，就算虎狼挡道，他也会如期赴约。陆羽自称"桑苎翁"，又号"东岗子"，精通古调歌诗，于安闲处自得其乐，情趣高雅，写了很多书。他经常驾着小舟流连于山寺之间，总是头戴纱巾，脚蹬草鞋，身着粗布裁制成的短衣短裤，在林间敲敲树木，在水边嬉戏自娱。有时，他独自一人行走在旷野中，吟咏古诗，直到天黑，兴致尽了才痛哭着回家。当时的人将他比作春秋时期的楚国的狂士接舆。陆羽与诗僧皎然是知己。朝廷曾任命陆羽为太子文学。陆羽爱茶，开创了以茶为道的精妙理论，著有三卷《茶经》，论述茶道的发源、方法与器具，在当时被称为"茶仙"。《茶经》一出，人们逐渐懂得应如何饮茶了。卖茶的店家塑陆羽陶像，并将其奉作茶神来祭拜。客人每买十件茶具，就获赠一尊陆羽塑像。那时候，御史大夫李季卿到江南任宣慰使，因为喜欢喝茶，知道有陆羽这个人，就派人召陆羽前来。陆羽穿着农夫的衣服，提着茶具走进衙门。李季卿对他说："天下人都知道，陆先生你精于茶道。扬子江的中泠泉水又绝妙难得。如今，二妙碰到一起，可以说是千载难逢。您可别错过了这个机会。"喝完茶，李季卿让家奴给陆羽茶钱。陆羽为此感到羞愧，写了一篇《毁茶论》。陆羽和补阙皇甫冉交情很好。当时尚书鲍防在越中，陆羽想去依附他，临行前收到皇甫冉写给他的信，上面写道："君子推究儒学、佛理，穷尽诗歌的典雅妍丽，不管人迹罕至的小岛多么偏远，只要有船通行，他们就一定会去看看。

那些适合垂钓的地方，他们也会随心所欲地前往。越中是有名的山水之乡，鲍尚书又在朝廷身担重任，他了解你，欣赏你，一定会对你关怀备至。你这次前去，绝不仅是尝尝镜湖里的鱼，看看若耶溪的月。"陆羽的诗文集和《茶经》流传至今。

陆羽年表

（733—约 804 年）

733-735 年	不知出身，3 岁时被竟陵智积禅师收养，在寺院成长。
742 年	9 岁，开始学习写文章。
744 年	12 岁，离开寺院。后来投身戏班，搜集整理戏本和民间滑稽故事，写成《谑谈》三篇。
746 年	14 岁，被地方官任命为伶人之师。后被官员李齐物推荐，前往湖北火门山邹夫子门下学习儒家经典。
751 年	19 岁，结束学业。
752 年	20 岁，结识由礼部郎中贬为竟陵司马的官员崔国辅，与之交游，一起品茶论水。
756 年	24 岁，安史之乱爆发第二年，陆羽随流民渡江避乱。
757 年	25 岁，游历至无锡，品惠泉之水，结识无锡尉皇甫冉；至吴兴，结识诗僧皎然，为"缁素忘年之交"。
758 年	26 岁，在栖霞寺采茶，与故交皇甫冉相遇。
760 年	28 岁，隐居苕溪，即今浙江湖州市，闭门著书。
767-768 年	流连江苏君山一带，寻水访茶。
773 年	41 岁，陆羽应颜真卿之请，参与重修《韵海镜源》。年末，韵书完工，颜真卿在杼山修亭纪念，陆羽为之取名"三癸亭"，皎然作诗应和。
782 年	50 岁，移居江西。
785 年	53 岁，到江西信州访茶，结识诗人孟郊。
789 年	57 岁，担任岭南节度使李复的幕僚。
793 年	61 岁，由岭南返回杭州，结识灵隐寺的道标、宝达禅师。此后，寓居苏州虎丘。
800 年	好友皎然过世。
约 804 年	72 岁，葬于湖州杼山，坟茔与皎然塔相对。